国家技能人才培养工学一体化系列教材

工业机器人
工作站调整

信息页

苏士超　丁彬云◎主编

厦门大学出版社　国家一级出版社
XIAMEN UNIVERSITY PRESS　全国百佳图书出版单位

图书在版编目（CIP）数据

工业机器人工作站调整. 信息页 / 苏士超，丁彬云
主编 ；陈跃东，魏龙建，纪荣火副主编. -- 厦门 ：厦
门大学出版社，2024.12. -- （国家技能人才培养工学一
体化系列教材）. -- ISBN 978-7-5615-9431-5

Ⅰ. TP242.2

中国国家版本馆 CIP 数据核字第 2024A07K08 号

工业机器人工作站调整·信息页

GONGYE JIQIREN GONGZUOZHAN TIAOZHENG·XINXIYE

策划编辑	张佐群
责任编辑	胡　佩
美术编辑	蔡炜荣
技术编辑	许克华

出版发行　厦门大学出版社

社　　址　厦门市软件园二期望海路 39 号
邮政编码　361008
总　　机　0592-2181111　0592-2181406(传真)
营销中心　0592-2184458　0592-2181365
网　　址　http://www.xmupress.com
邮　　箱　xmup@xmupress.com
印　　刷　厦门集大印刷有限公司

开本　　787 mm×1 092 mm　1/16
印张　　18.25
字数　　442 千字
版次　　2024 年 12 月第 1 版
印次　　2024 年 12 月第 1 次印刷
定价　　68.00 元（共 2 册）

厦门大学出版社
微信二维码

厦门大学出版社
微博二维码

前　言
PREFACE

　　"工业机器人工作站调整"是工业机器人应用与维护专业的岗位核心课程,是依据《国家职业教育改革实施方案》提出的"三教"改革与产教融合理念,并依照本专业人才培养方案要求,以培养复合型技术技能人才为目标,通过开展行业调研和企业实践专家访谈会,将提取到的典型工作任务进行转化而形成的专业一体化课程。课程内容紧密结合德育元素,做到理实一体、德技并修。

　　"工业机器人工作站调整"课程基于企业典型工作任务,在课程项目中穿插相关岗位必备知识点与技能,侧重培养学生的应用能力。本课程的主要学习任务包括工业机器人工作站运动位置调整、工业机器人工作站产品换型调整、工业机器人工作站生产节拍调整、工业机器人工作站周边设备调整,可以作为相关专业的职业基础课程。

　　本书作为该课程的配套教材,在结构设置上将每个项目都分为工作页和信息页两个部分。工作页按照工学一体化的六大环节进行组织,包括获取信息、制定计划、做出决策、实施任务、过程控制和评价反馈,通过企业任务工单的驱动,最大限度地发挥学生的自主探究能力,实现边做边学的教育目标。信息页则提供了完成任务所需的知识点讲解,并穿插了"小贴士""想一想""延伸阅读""课堂小测"等环节,以帮助学生串联知识点,更好地理解和掌握课程内容。

特色创新

一、科学构建知识技能体系,实现工学一体化课程教学模式的覆盖

　　本书严格按照人力资源和社会保障部印发的《推进技工院校工学一体化技能人才培养模式实施方案》的要求,由开发团队经过多次研讨、论证,确定核心知识与技能体系,形成了融教、学、做、测、评为一体的教材内容和体系。

二、采用活页式、工作手册式设计方式,并配备丰富的教学资源

　　本书以学生为中心、以工作过程为导向,将企业的岗位要求和工作过程有机融入其中。此外,本书还配备丰富的教学资源,包括课前微课、动画等,方便教师使用及参考。

三、创新教学评价体系,多方面、多层次进行综合评价

　　本书在编写过程中,综合考虑教学活动的具体实施情况,将评价主体分为学生、小组和教师,

将评价维度分为课前预习、专业知识、学习态度、团队素养、任务实施、复盘总结和课后拓展,构建"三主体七维度"教学评价体系。通过对学生课前、课中和课后三个阶段的综合评价,全过程多元化考核学生的知识、技能和素养目标的达成程度。

四、采用"三段课、七环节"教学实施策略,有效达成学习目标

本书在编写过程中,为有效达成学习目标,采用"三段课、七环节"的教学实施策略。"三段课"分别是课前导学、课中研学和课后拓学。"七环节"分别是学、工、知、策、做、评、拓。

- 学——课前学习:课前自主预习新课内容,完成课前测试,检验预习效果。
- 工——明确任务:导入真实岗位的工作任务情景及内容,激发学生的学习兴趣,并明确本课的学习目标和重点内容。
- 知——获取信息:运用多种教学方法及手段对课程内容展开讲解。采用问题引导,激发学生对本课内容的思考,达到探究式学习目的;通过知识讲授,使本课重难点与所探究问题形成呼应,帮助学生吸收内化。
- 策——计划决策:各小组针对任务进行探讨,并做出最优实施计划的决策。
- 做——实施任务及检查反馈:各小组根据任务要求实施任务,并做好过程监控。实训操作过程与企业任务趋同,能提前让学生感知企业工作,培养职业意识。
- 评——评价反馈:召开复盘会,各小组进行成果展示,并进行综合评价。
- 拓——巩固拓展:课后引导学生自主探究,学以致用,延伸教学时空,实现知识迁移,帮助学生扩展视野。

五、坚持立德树人,落实思政及素养教学

本书将素养教学与职业技能相融合,充分挖掘"工业机器人工作站调整"课程中所蕴含的德育元素,在专业知识中融入与社会主义核心价值观、创新思维、服务意识、责任意识和社会责任感等相关的内容,以润物无声的方式将正确的价值观传递给读者。

本书可作为中职、高职院校工业机器人应用与维护相关专业的专业课程教材,同时也可供广大工业机器人应用从业人员和社会人士阅读参考。

在编写过程中,相关企业给予了大力支持,提供了大量的任务背景、案例、情景素材以及相关资料,在此深表感谢!

本书由厦门技师学院组编,由于时间较紧及编者水平有限,书中难免有不当及疏漏之处,恳请各界人士批评指正,并提出宝贵意见,以便本书日后再版时臻于完善。

编者

2024 年 11 月

目 录

CONTENTS

二维码资源目录

学习任务 1
工业机器人工作站运动位置调整

学习目标

1. 认识 ABB 工业机器人的系统组成;

2. 能概述工业机器人安全操作规范,并能够在工作中严格遵守;

3. 能进行工业机器人开关机、紧急停止及复位操作;

4. 认识示教器的操作功能与使用方法;

5. 能解释 3 种手动操纵运动模式与增量模式的区别;

6. 能解释 6 种坐标系的含义;

7. 能进行工具坐标系和工件坐标系的标定操作;

8. 能进行零点位置更新、运动速度更改和程序备份与恢复等参数管理操作。

建议课时:36 课时

学习要求

序　号	学习活动	学习内容	学　时	备　注
1	ABB 工业机器人基本认识	工业机器人结构与组成	4	演示使用工业机器人型号为 ABB IRB 120
		安全操作与防护		
		工作站开关机		
		紧急停止与复位		
2	工业机器人示教器设置	示教器组成	8	
		示教器面板设置		

1

续表

序 号	学习活动	学习内容	学 时	备 注
3	工业机器人手动操纵运动	手动操纵界面	8	演示使用工业机器人型号为ABB IRB 120
		手动操纵动作模式		
		增量模式设置		
4	工业机器人坐标系标定	工业机器人坐标系	8	
		工具坐标系标定		
		工件坐标系标定		
5	工业机器人参数管理	零点位置更新	8	
		运动速率更改		
		程序备份与恢复		

学习活动1 ABB工业机器人基本认识

ABB公司是目前全球领先的工业机器人技术供应商,主要提供机器人产品、模块化制造单元及服务,目前在世界范围内安装了超过30万台机器人。该公司logo(标志)如图1.1-1所示。它的全球业务总部设在中国上海,也是目前唯一一家在中国从事工业机器人研发和生产的国际企业。除中国外,它在瑞典、捷克、挪威、墨西哥、日本和美国等地也设有工业机器人研发和制造基地。

图 1.1-1　ABB 公司 logo

ABB工业机器人已经有近50年的发展历史,不断的技术积累,使其在竞争中始终保持领先地位。ABB与发那科(FANUC)、库卡(KUKA)、安川(YASKAWA)机器人并称为工业机器人的"四大家族"。

一、工业机器人结构与组成

1. 工业机器人结构

动画:认知 ABB
工业机器人

工业机器人主要由主体、驱动系统和控制系统三个基本部分组成,如图1.1-2所示。

① 主体:即机座和执行机构,包括臂部、腕部和手部,有的机器人还有行走机构。大多数机器人有3~6个运动自由度,其中腕部通常有1~3个运动自由度。

② 驱动系统:包括动力装置和传动机构,核心为减速器以及伺服电机,用以使执行机构产生相应的动作。

③ 控制系统:按照输入的程序对驱动系统和执行机构发出指令信号,控制工业机器人的执行机构,使其完成规定的运动,执行相应的功能。

根据机器人结构,可以将工业机器人划分为多关节机器人、直角坐标机器人、平面关节型机器人(SCARA)、并联机器人(DELTA)、协作机器人。这几种类型工业机器人的特点如表1.1-1所示。

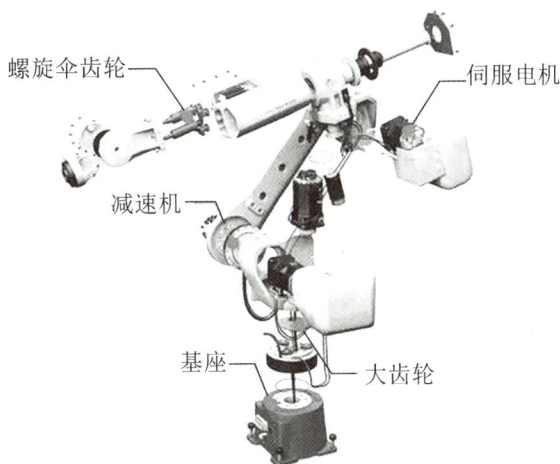

图 1.1-2　机器人拆解图

表 1.1-1　工业机器人类型划分

本体类型	性能特点	应用行业及工艺	图　例
多关节机器人	自由度高,载荷灵活,轨迹灵活,功能强大	汽车、3C[①]等高附加值行业和工艺,如焊接、精密装配	
直角坐标机器人	结构简单,精度高,载荷低	各制造业、物流设备、搬运码垛、上下料	
SCARA	在 X、Y 方向上具有顺从性,在 Z 轴方向上具有良好的刚度	PCB[②]和电子零部件及各类装配搬运	
DELTA	速度快,重复定位精度高,实时控制性好,载荷低	电子、食饮等行业快节奏码垛、上下料	
协作机器人	可人机协作,安全性高,适合非结构化环境	同多关节机器人	

注:①3C 指计算机(computer)、通信(communication)和消费电子产品(consumer electronics)这三个领域;
　　②PCB 指印刷电路板(printed circuit board)。

按照应用领域,工业机器人可进行如图 1.1-3 所示分类。

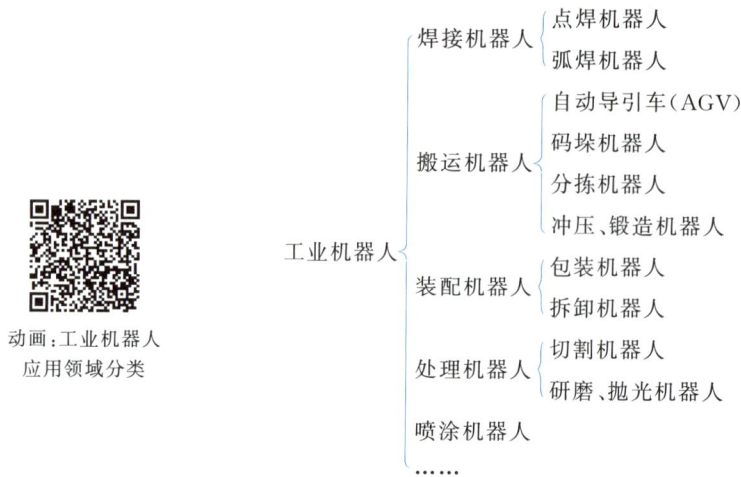

动画:工业机器人
应用领域分类

工业机器人
- 焊接机器人
  - 点焊机器人
  - 弧焊机器人
- 搬运机器人
  - 自动导引车(AGV)
  - 码垛机器人
  - 分拣机器人
  - 冲压、锻造机器人
- 装配机器人
  - 包装机器人
  - 拆卸机器人
- 处理机器人
  - 切割机器人
  - 研磨、抛光机器人
- 喷涂机器人
- ……

图 1.1-3　工业机器人应用领域划分

2.工业机器人系统组成

工业机器人系统主要由工业机器人本体、控制柜、示教器、配电箱和连接电缆组成,如图 1.1-4 所示。

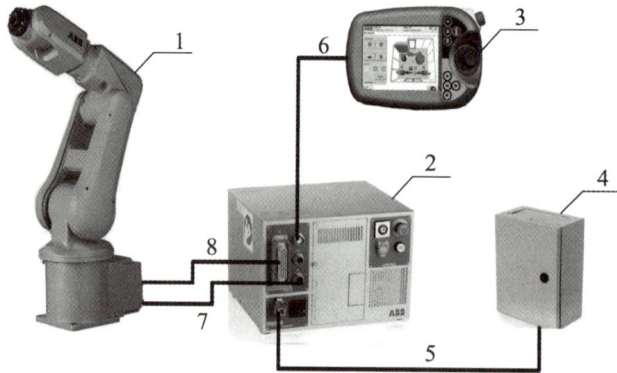

1—工业机器人本体;2—控制柜;3—示教器;4—配电箱;5—电源电缆;
6—示教器电缆;7—编码器电缆;8—动力电缆

图 1.1-4　工业机器人系统组成

(1)工业机器人本体

工业机器人本体是一个机械结构,是用于移动末端工具执行相关工艺过程的机械单元。常用的六轴工业机器人本体主要由传动部件、机身、臂部、腕部和手部五个部分组成,如表 1.1-2 所示。

表 1.1-2　六轴工业机器人组成

1轴	机身	又称机座,是整个工业机器人的支持部分,具有一定的刚度和稳定性。机座有固定式和移动式两类:若机座不具备行走功能,则构成固定式机器人;若机座具备移动机构,则构成移动式机器人
2轴	传动部件	包括各种驱动电机、减速器、齿轮、轴承、传动皮带等部件
3轴	大臂	臂部用来支撑腕部和手部,实现较大范围运动
4轴	小臂	
5轴	腕部	位于工业机器人末端执行器和臂部之间,主要帮助手部呈现期望的姿态,扩大臂部运动范围
六轴	手部	又称为末端执行器,是工业机器人执行任务的工具,一般安装于工业机器人末端的法兰上。根据应用功能不同,手部可以分为夹钳式、吸附式、专用手部工具和工具快换装置等多种形式

小贴士

最小的六轴工业机器人——IRB 120 机器人

IRB 120 作为 ABB 小型机器人(图 1.1-5),其在紧凑空间内凝聚了 ABB 产品系列的全部功能与技术。重量减至 25 kg,结构设计紧凑,几乎可安装在任何地方,如工作站内部、机械设备上方,或生产线上其他机器人的近旁。IRB 120 机器人广泛适用于电子、食品饮料、机械、太阳能、制药、医疗、研究等领域。

图 1.1-5　IRB 120 机器人

(2)控制柜

控制柜是工业机器人的指挥中枢,它的作用是给机器人提供电源,控制工业机器人在工作空间中的运动位置、姿态和轨迹,操作顺序及动作的时间等,完成特定的作业。

ABB 工业机器人控制器当前版本为 IRC5,即第五代 ABB 工业机器人控制柜。IRC5 紧凑型控制柜及其背面接口如图 1.1-6 所示。

A—急停按钮;B—模式开关;C—电机启动/复位按钮;D—制动闸释放按钮(危险,使用后机器人抱闸松开,勿擅动);

E—示教器接线端口;F—(X41)信号电缆连接器(重载连接器);G—(XS2)信号电缆连接器;H—(XS1)电源电缆连接器;

I—电源开关;J—电源输入连接器

图 1.1-6　IRC5 紧凑型控制柜

（3）示教器

示教器是人机交互单元,它是进行工业机器人手动操纵、程序编写、参数配置和监控用的手持装置,是最常用的控制装置。示教器包括触摸屏、急停按钮、动态图形界面、使能按钮和三维度播杆控制,其外观如图 1.1-7 所示。

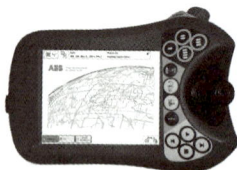

图 1.1-7　示教器

（4）配电箱

配电箱能提供合适的电源电压和电流,其主要作用是为工业机器人提供电力供应和电路保护,以满足机器人系统的工作需求。

（5）连接电缆

工业机器人使用的连接电缆主要有电源电缆、示教器电缆、控制电缆和编码器电缆,各电缆作用如下:

① 电源电缆用于给工业机器人控制柜提供电源;

② 示教器电缆用于连接示教器和控制柜;

③ 控制电缆和编码器电缆用于连接工业机器人本体和控制柜。

想一想

工业机器人工作站是指以一台或多台机器人为主,配以相应的周边设备,如变位机、输送机、工装夹具等,或借助人工的辅助操作一起完成相对独立的作业或工序的一组设备组合。

思考:如图 1.1-8 所示,工作站中使用的工业机器人是哪种类型?

图 1.1-8　工业机器人工作站

二、安全操作与防护

工业机器人操作人员在工作时,应正确穿戴相应的安全护具,并遵守工业机器人操作规程,以避免受到意外伤害。

1.安全操作规范

遵守操作规程既能保证操作人员的安全,也能保证工业机器人等设备的安全,同时也是保证产品质量的重要保障。操作人员在初次操作工业机器人时,必须认真阅读工业机器人的使用说明书,按照操作规程进行正确的操作。

安全操作规范如下:

(1)关闭总电源

① 在进行工业机器人的安装、维修、保养时切记要将总电源关闭,不允许带电操作。如果不慎遭高压电击,可能会导致心跳停止、烧伤或其他严重伤害。

② 在得到停电通知时,要预先关断工业机器人的主电源及气源。

③ 突然停电后,要在来电之前预先关闭工业机器人的主电源开关,并及时取下夹具上的工件。

(2)与机器人保持足够安全距离

在调试与运行工业机器人时,它可能会执行一些意外的或不规范的运动;且所有的运动都会产生很大的力量,从而严重伤害个人或损坏工业机器人工作范围内的任何设备。所以时刻警惕与工业机器人保持足够的安全距离。

(3)静电放电危险

ESD(静电放电)是电势不同的两个物体间的静电传导,它可以通过直接接触传导,也可以通过感应电场传导。搬运部件或部件容器时,未接地的人员可能会传递大量的静电荷。这一放电过程可能会损坏敏感的电子设备。所以在有"▲"标识的情况下,要做好静电放电防护。

(4)紧急停止

紧急停止优先于任何其他工业机器人控制操作,它会断开工业机器人电动机的驱动电源,停止所有运转部件,并切断由工业机器人系统控制且存在潜在危险的功能部件的电源。出现下列情况时请立即按下任意紧急停止按钮(▽):

① 工业机器人运行时,工作区域内有工作人员;

② 工业机器人伤害了工作人员或损伤了机器设备。

(5)灭火

发生火灾时,在确保全体人员安全撤离后再进行灭火,应先处理受伤人员。当电气设备(例如工业机器人或控制器)起火时,使用二氧化碳灭火器,切勿使用水或泡沫。

(6)工作中的安全

工业机器人在运行中会产生很大的力度,运行的停顿或者停止都会产生危险。因此,当操作人员进入保护空间时,必须遵守所有的安全条例。

① 如果在保护空间内有工作人员,请手动操作工业机器人系统。

② 当进入保护空间时,请准备好示教器,以便随时控制工业机器人。

③ 注意旋转或运动的工具,例如切削工具和锯。确保在接近工业机器人之前,这些工具已经停止运动。

④ 注意工件和工业机器人系统的高温表面。工业机器人电动机长期运转后温度很高。

⑤ 注意夹具并确保夹好工件。如果夹具打开,工件会脱落并导致人员伤害或设备损坏。夹具非常有力,如果不按照正确方法操作,也会导致人员受到伤害。工业机器人停机时,夹具上不应置物,必须空机。

⑥ 注意液压、气压系统以及带电部件。即使断电,这些电路上的残余电量也很危险。

(7)示教器的安全

示教器配备了高灵敏度的一流电子设备,为了避免操作不当引起的故障或者损害,在操作时应该遵守以下说明:

① 小心操作。不要摔打、抛掷或重击,这样会导致破损或故障。在不使用该设备时,将它挂到专门存放它的支架上,以防意外掉到地上。

② 使用和存放示教器时,应避免被人踩踏电缆。

③ 切勿使用锋利的物体(例如螺钉、刀具或笔尖)操作触摸屏,这样可能会使触摸屏受损。应用手指或触摸笔去操作示教器触摸屏。

④ 定期清洁触摸屏。灰尘和小颗粒可能会挡住屏幕造成故障。

⑤ 切勿使用溶剂、洗涤剂或擦洗海绵清洁示教器,使用软布蘸少量水或中性清洁剂清洁。

⑥ 没有连接 USB 设备时务必盖上 USB 端口的保护盖。如果端口暴露到灰尘中,那么它会中断或发生故障。

(8)手动模式下的安全

在手动减速模式下,工业机器人只能减速操作。只要在安全保护空间之内工作,就应始终以手动速度进行操作。手动全速模式下,工业机器人以程序预设速度移动。手动全速模式应仅用于所有人员都处于安全保护空间之外时,而且操作人员必须经过特殊训练,熟知潜在的危险。

(9)自动模式下的安全

自动模式用于在生产中运行工业机器人程序。在自动模式操作情况下,常规模式停止(GS)机制、自动模式停止(AS)机制和上级停止(SS)机制都处于活动状态。

2.常用安全护具

常用安全护具主要包括安全帽、工作服、劳保鞋、防护眼镜等(图 1.1-9)。

(a) 安全帽　　(b) 工作服　　(c) 劳保鞋　　(d) 防护眼镜

图 1.1-9　安全护具图

① 安全帽可以保护头部免受坠落物、碰撞或其他意外伤害。

② 工作服可以提供对身体的保护，如防护某些化学品、火焰或高温等。

③ 劳保鞋可以提供对脚部的保护，防止滑倒、被重物压到或其他伤害。

④ 防护眼镜可以防护眼睛免受飞溅物、尘埃、光线等的伤害。

在操作工业机器人之前，操作人员需正确穿戴这些安全护具，如图 1.1-10 所示。这可以有效降低受伤的风险，保护身体部位免受潜在的危害。

1—佩戴安全帽
2—扣紧绳帽
3—扣好工作服纽扣
4—系好安全带
5—穿好劳保鞋

图 1.1-10　安全护具正确穿戴示意

小贴士

安全护具穿戴具体要求

√ 佩戴工作帽，头发尽量不外露，长发者可将头发盘于帽内，需正确规范地扣紧帽绳，防止操作工业机器人时安全帽脱落，造成安全隐患。

√ 穿着合身的工作服，束紧领口、袖口和下摆，扣好纽扣，内侧衣物不外露，必要时系好安全带。

√ 不佩戴首饰，尤其是手指和腕部。

√ 裤管须束紧，不得翻边。

√ 尽量穿着劳保鞋，系紧鞋带。

√ 操作示教器时不佩戴手套。

√ 根据工作现场要求佩戴口罩、防护眼镜等安全护具。

三、工作站开关机

开关机按钮在控制柜上，以 ABB IRC5 紧凑型为例，其电源开关位于接线面板的左下角，如图 1.1-11 所示。

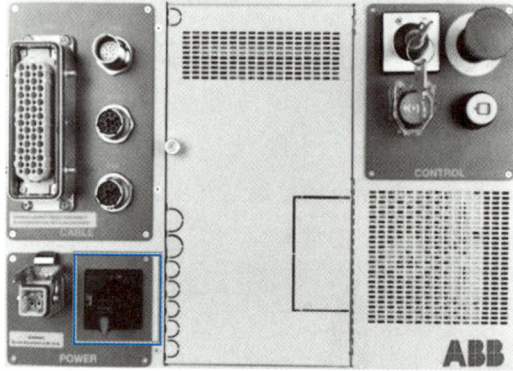

图 1.1-11　控制柜电源开关

1.开机操作

在开机前,需要完成以下检查工作:

① 检查工业机器人周边设备、作业范围是否符合开机条件;

② 检查电源是否正常接入;

③ 确认控制柜和示教器上的急停按钮已经按下。

检查完毕后,按照表 1.1-3 所示步骤进行开机操作:

表 1.1-3　工作站开机操作

步　骤	操作内容:工作站开机	图　示
1	将控制台上平台电源开关旋至"1"位置,接通平台主电源	
2	将工业机器人控制柜电源开关旋至"ON"位置,接通工业机器人主电源	
3	将气泵开关向上拉起,气泵上电	
4	将气泵供气阀门旋至与气管平行方向,并打开阀门	
5	控制柜电源开关上电后,等待 20 s 左右,当示教器界面显示如图所示画面时,表示设备正常开机成功,可以进行手动操纵	

2.关机操作

工作站正确关机操作步骤如表 1.1-4 所示:

表 1.1-4　工作站关机操作

步　骤	操作内容:工作站关机	图　示
1	手动操作工业机器人返回原点位置	
2	将工业机器人示教器放置到指定位置,并整理示教器电缆	
3	将控制柜上电源开关旋至"OFF"位置,关闭工业机器人主电源	
4	将气泵供气阀门旋至与气管垂直方向一致,关闭阀门	
5	将气泵开关向下按下,气泵断电	
6	将控制台上主电源开关旋至"0"位置,关闭主电源	

四、紧急停止与复位

想一想

思考:在生活中你见过这种按钮吗? 它的用途是什么? 谈谈你的看法。

急停按钮(紧急停止按钮)是一种紧急情况下的保护装置。当发生紧急情况时,操作员可以通过按下该按钮来迅速停止机器或设备的运行,以达到保护的目的。机器停止后,恢复正常运行需要进行急停复位操作,确保设备从紧急状态下安全恢复。

1.急停按钮

工业机器人作为工业领域中能自动执行工作、靠自身动力和控制能力来实现各种功能的机器装置,为保证作业的安全,在系统中设置了 3 个急停按钮(不包括外围设备的急停按钮),分别是工业机器人示教盒上的急停按钮、工业机器人控制柜上的急停按钮、实训平台外部的急停按钮。如图 1.1-12 所示,按下任何一个急停按钮,工业机器人就会立刻停止运动。按下急停按钮后,工业机器人示教器画面会出现紧急停止报警信息,如图 1.1-13 所示。

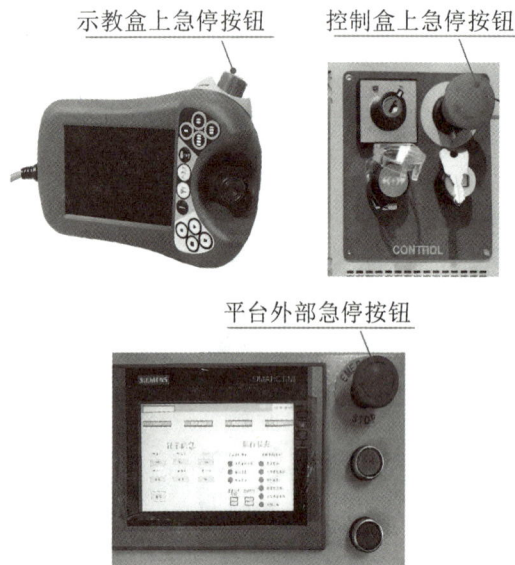

图 1.1-12　急停按钮图

图 1.1-13　示教器紧急停止报警界面

2.急停复位

再次运行工业机器人前,必须先从紧急停止状态恢复。所有按键形式的急停设备都有"上锁"功能,这个"锁"必须打开,才能结束设备的紧急停止状态。许多情况下,需要旋转按钮,而有些设备则需要拉起按键才能打开"锁"。

复位正确操作如下:

① 确保已经排除所有危险。

② 定位并重置引起紧急停止状态的设备。

③ 按下电机"开"按钮,从紧急停止状态恢复正常操作。

例:如图 1.1-14 所示型号的控制柜(IRC5 标准柜),要从紧急状态恢复,需按下控制柜操作面板上的伺服上电按钮 A,并确认示教器上状态栏中的报警信息已消失。

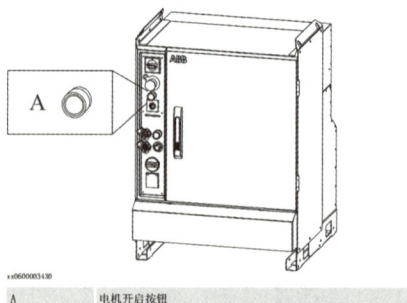

| A | 电机开启按钮 |

图 1.1-14　电机开启按钮

学习活动 2　工业机器人示教器设置

ABB 工业机器人示教器是一种叫作 FlexPendant 的手持式操作装置,它采用 ARM＋WinCE 的方案,通过 TCP/IP 与主控制器(main controller)进行通信。在示教器上,绝大多数的操作都是在触摸屏上完成的,同时也保留了必要的按钮和操作装置。下面带大家认识示教器。

一、示教器组成

1.示教器的组成部件

示教器主要由连接器、触摸屏、急停按钮、操作杆、使能按钮等几部分组成,组成概览如图 1.2-1 所示。

微课:示教器的
组成及设置

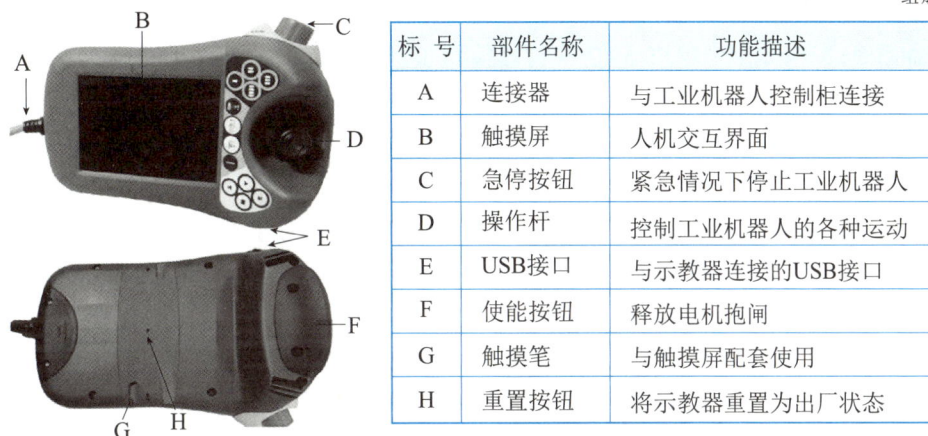

标　号	部件名称	功能描述
A	连接器	与工业机器人控制柜连接
B	触摸屏	人机交互界面
C	急停按钮	紧急情况下停止工业机器人
D	操作杆	控制工业机器人的各种运动
E	USB接口	与示教器连接的USB接口
F	使能按钮	释放电机抱闸
G	触摸笔	与触摸屏配套使用
H	重置按钮	将示教器重置为出厂状态

图 1.2-1　示教器组成部件及其功能

在进行工业机器人操作时,示教器的正确手持姿势如图 1.2-2 所示。

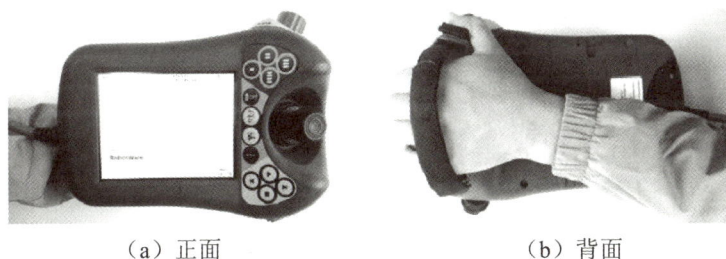

（a）正面　　　　　　　　　　　（b）背面

图 1.2-2　示教盒手持姿势示意

示教器触摸屏组件主要由 ABB 菜单按钮、操作人员窗口、状态栏和快捷菜单按钮等组成,如图 1.2-3 所示。操作人员通过操作界面可以快速地掌握工业机器人的状态,同时也可以便捷地对工业机器人各种参数进行调节和控制。

标号	部件名称	功能描述
A	ABB菜单按钮	可以单击进入ABB菜单
B	操作人员窗口	显示来自工业机器人程序的消息
C	状态栏	显示与系统状态有关的重要信息，如操作模式、电机开启/关闭、程序状态等
D	关闭按钮	关闭当前打开的视图或应用程序
E	任务栏	显示所有打开的视图，并用于视图切换
F	快捷菜单按钮	包含对微动控制和程序执行进行设置

图 1.2-3　触摸屏组件

2. 示教器的按钮功能

(1)正面 12 个按钮

示教器正面设有 12 个物理按钮,这些物理按钮可以让操作人员在工业机器人操作过程中更加便捷。各按钮布局与功能如图 1.2-4 所示。

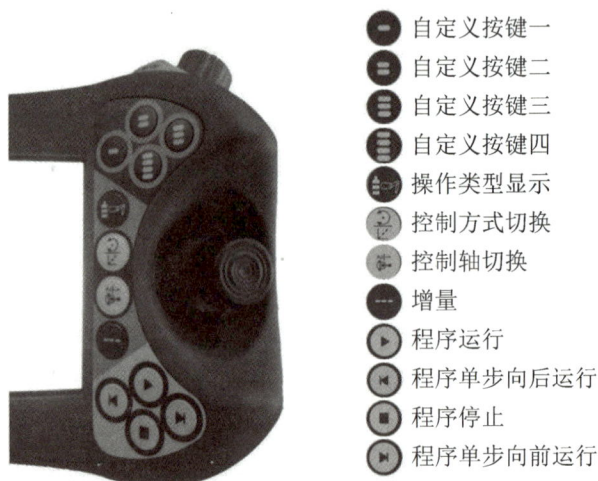

图 1.2-4　示教器按钮说明

(2)使能按钮

使能按钮位于示教器操作杆的右侧,如图 1.2-5,其作用如下:

① 使能按钮是工业机器人为保证操作人员人身安全而设置的。

② 只有在按下使能按钮,电机上电,并保持在"电机开启"状态时,才可以对工业机器人进行手动操作和程序调试。

③ 当发生危险时,人会本能地将示教器按钮松开或者按紧,此时电机都失电,工业机器人会马上停止工作,从而保证操作人员的安全。

在手动模式下,必须按下使能按钮来释放电机抱闸,从而使工业机器人能够动作。使能按钮是 3 位选择开关,按到中间位置时,能够释放电机抱闸;放开或按到底部时,电机抱闸都会闭合,从而锁住工业机器人。

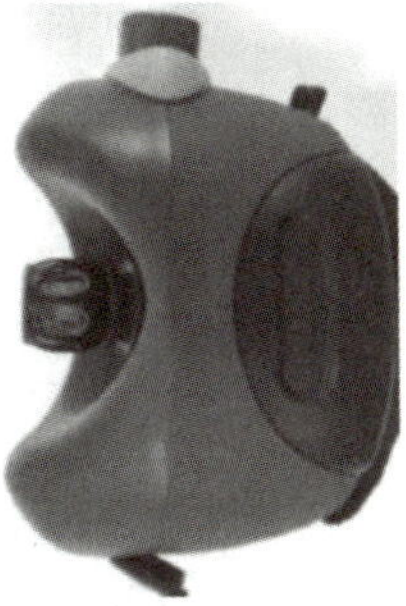

（a）松开示意 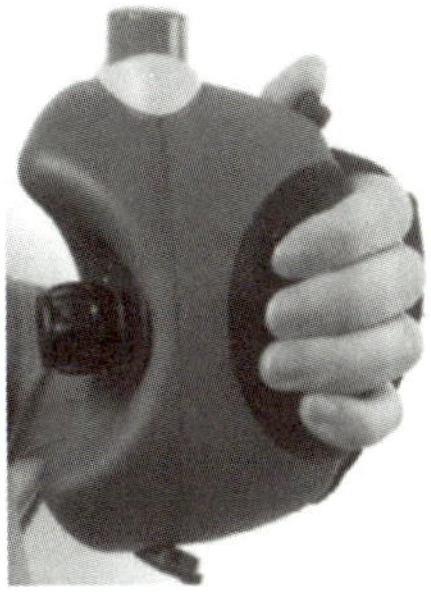　　　　　（b）按下示意

图 1.2-5　示教器使能按钮

小贴士

为确保示教器的安全使用，必须注意以下情况：

√ 任何时候都必须保证使能按钮可以正常工作。

√ 编程和测试过程中，工业机器人不需要移动时必须尽快释放使能按钮。

√ 任何人进入机械臂工作空间必须随身携带示教器，这样可以防止其他人在进入者不知情的情况下移动工业机器人。

（3）操作杆

示教器上的操作杆又称手动控制杆，如图 1.2-6 所示。

图 1.2-6　操作杆

在手动模式下，电机上电并处于开启状态时，按下使能按钮，就可以通过操作杆控制工业机器人进行左右、上下、斜角（两个相邻方向的合成动作）、旋转共 10 个方向的运动。另外，操作杆的摇摆幅度与工业机器人的运动速度相关，类似于汽车的油门。幅度越小，则工业机器人运动速度越慢；幅度越大，则工业机器人运动速度越快。因此，在初学时尽量小幅度操作，使工业机器人慢慢地运动，熟练后再尝试将速度加快。

二、示教器面板设置

1.菜单界面说明

进入操作界面左上角的 ABB 菜单，如图 1.2-7 所示，通过菜单可以对工业机器人进行进一步的设置与编程调试等。

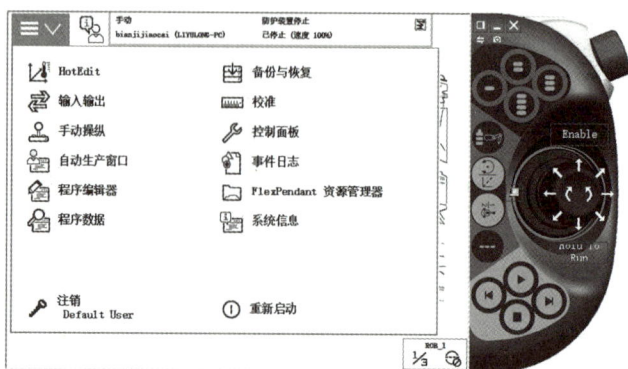

图 1.2-7　ABB 菜单

ABB 菜单的各项功能详情见表1.2-1。

表 1.2-1　ABB 菜单各项功能

选项名称	说　明
HotEdit	设置程序模块下轨迹点位置补偿
输入输出	设置及查看 I/O
手动操纵	更改动作模式设置、坐标系选择、操纵杆锁定及载荷属性,也可显示实际位置
自动生产窗口	在自动模式下,可直接调试程序并运行
程序编辑器	建立程序模块及例行程序
程序数据	选择编程时所需程序数据
备份与恢复	可备份和恢复系统
校准	进行转数计数器和电机校准
控制面板	进行示教器的相关设定
事件日志	查看系统出现的各种提示信息
FlexPendant 资源管理器	查看当前系统的系统文件
系统信息	查看控制器及当前系统的相关信息

2.控制面板设置

点击示教器菜单里的"控制面板"选项,可以看到工业机器人的系统参数,如图 1.2-8 所示。用"控制面板"就可以设置示教器的语言、时间、外观等。

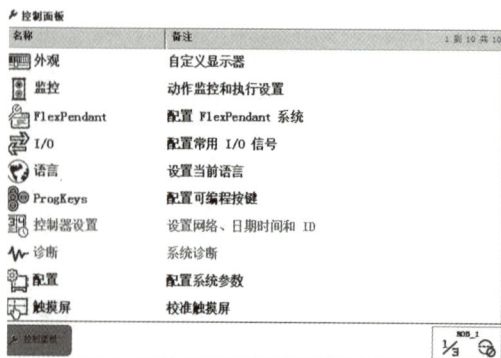

图 1.2-8　控制面板

例：示教器出厂时，默认的显示语言为英语。为了方便操作，需要把语言设定为中文，其具体步骤如表 1.2-2 所示。

表 1.2-8　示教器语言更改

步　骤	操作内容：示教器语言更改	图　示
1	点击示教器左上角的 ABB 菜单按钮，选择"Control Panel"（控制面板）	
2	弹出各控制面板选项，点击"Language"（语言）	
3	弹出各国家语言选项，点击"Chinese"	
4	弹出系统重启提示，点击"Yes"按钮，系统重启，即可更改为中文模式	

学习活动 3　工业机器人手动操纵运动

在前面的环节中,多次提到"手动模式"。请思考一下:手动模式与自动模式的区别是什么?

手动操纵是工业机器人操作中必不可少的基础操作,旨在让操作者能够通过示教器手动控制工业机器人的运动。在工业机器人编程过程中,通过手动操纵,操作员可以将工业机器人移动到目标位置,并将该位置的信息示教给工业机器人,从而为后续的操作奠定基础。

一、手动操纵界面

微课:工业机器人
手动操纵运动

点击示教器菜单中的"手动操纵"按钮,出现如图 1.3-1 所示界面。

① 属性修改区可更改工业机器人的机械单元、绝对精度、动作模式、坐标系、工具坐标、工件坐标、有效载荷、操作杆锁定和增量属性。

② 位置显示区用于显示工业机器人当前位置状态,可通过"位置格式"设定位置数据格式,通常有关节坐标和大地坐标两种位置格式。

③ 参数设定区可以设定对准、转到和启动三项工业机器人数据。

④ 当前操作杆方向显示区的箭头方向为正方向。

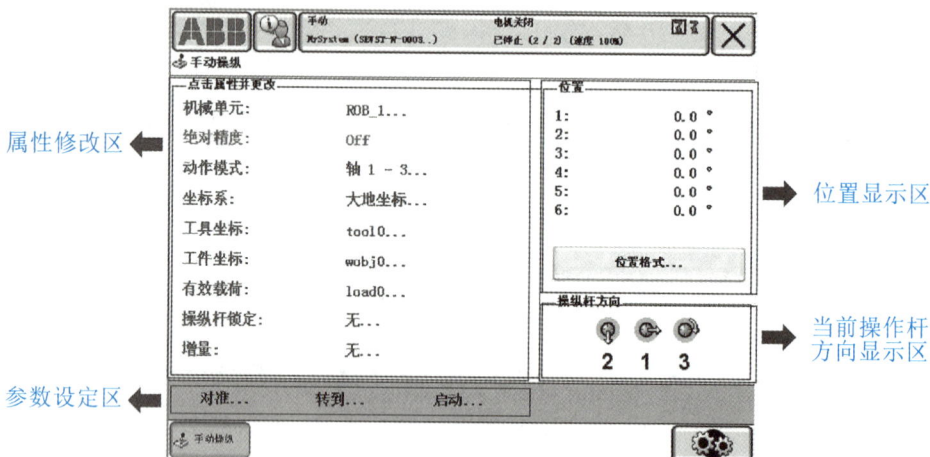

图 1.3-1　手动操纵界面

二、手动操纵动作模式

点击手动操纵界面中的"动作模式"按钮,出现"选择动作模式",如图 1.3-2 所示。有 3 种动作模式:单轴(轴 1-3 和轴 4-6)、线性和重定位。选择其中的一种动作模式,可用操纵杆进行工业机器人的操作。

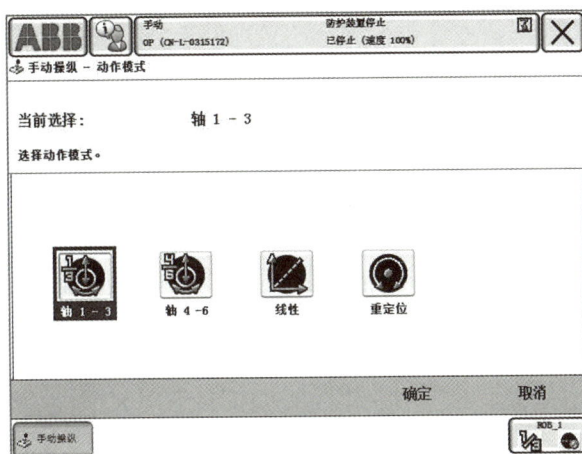

图 1.3-2 动作模式选择

1.单轴运动

单轴运动,顾名思义,每次手动操作只能控制一个关节轴的运动,即通过示教器控制工业机器人六轴中的某一个轴进行运动。

例:选中轴1-3选项,点击"确定"按钮,操作杆方向显示轴2、1、3,如图1.3-3所示。选中轴4-6选项,操作杆方向显示轴5、4、6,如图1.3-4所示。

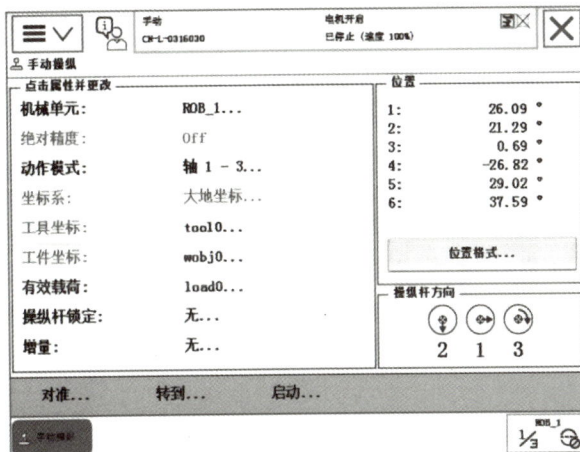

图 1.3-3 轴 1-3 运动

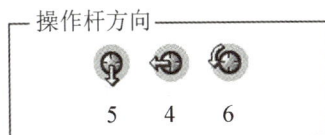

图 1.3-4 轴 4-6 运动操作杆方向

小贴士

切换要控制的轴

用手按下使能按钮,并在状态栏确认已正确进入"电机开启"状态,即可控制单轴运动。在操作过程中,可以使用控制轴切换按键 快速切换要控制的轴,以实现对工业机器人特定轴的精确控制。

2.线性运动

线性运动是指安装在工业机器人第六轴法兰盘上的工具(也称为工具中心点,TCP)在空间中进行直线或线性轨迹的移动。

通常情况下,工业机器人都会有一个默认的 TCP,它位于工业机器人安装法兰的中心,被称为 Tool0,如图 1.3-5 所示。

工业机器人的运动规划和控制会根据 TCP 的位置和姿态进行计算,从而实现工具的线性运动。

在动作模式中选择"线性"选项,出现界面如图 1.3-6 所示。在此状态下,操纵操作杆,机器人 6 个轴会以 TCP 为原点,沿 X、Y、Z 方向直线移动。

图 1.3-5 TCP 示意

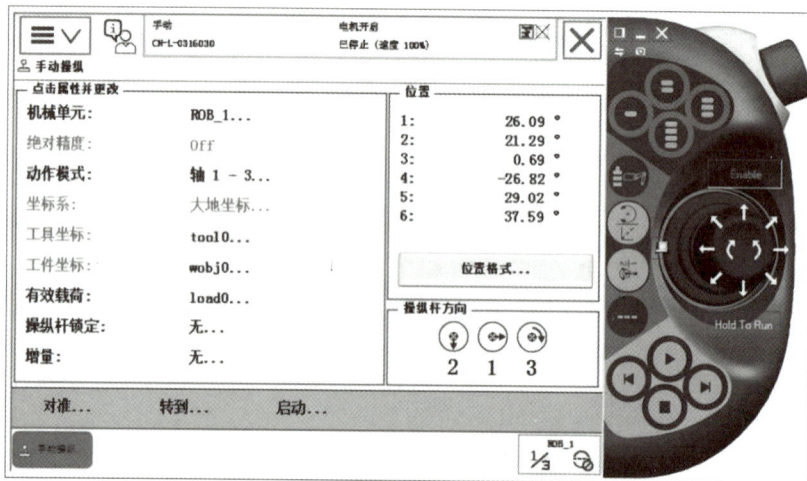

图 1.3-6 线性运动

3.重定位运动

重定位运动是指工业机器人第六轴法兰盘上的 TCP 在空间中绕着坐标轴旋转的运动,也可以理解为机器人绕着 TCP 进行姿态调整的运动,如图 1.3-7 所示,这种运动可以用来调整机器人工具的朝向或姿态,以便适应特定的操作需求。

在动作模式中选择"重定位"选项,出现界面如图 1.3-8 所示。在此状态下,操纵操作杆,工业机器人 TCP 在空间中即绕着坐标轴旋转。

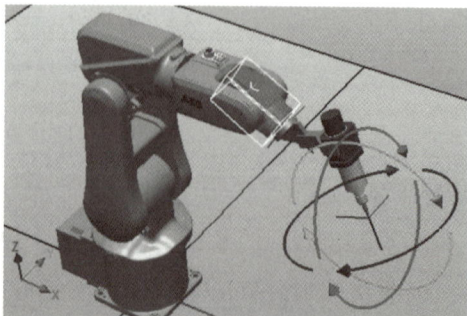

图 1.3-7 重定位运动

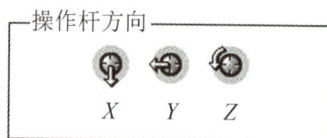

图 1.3-8 重定位操作杆方向

小贴士

快速切换动作模式

除了手动操纵界面下的动作模式设定,还可以通过示教器上的 按键快速切换动作模式。工业机器人系统的当前动作模式可在示教器右下角查看,几种动作模式状态图标如表1.3-1 所示。

表 1.3-1 当前动作模式状态

状态图示	代表的动作模式	状态图示	代表的动作模式
ROB_1 1/3	轴 1-3	ROB_1	线性
ROB_1 4/6	轴 4-6	ROB_1	重定位

三、增量模式设置

在手动操纵工业机器人的过程中,如果对使用操作杆控制工业机器人运动的速度不熟练的话,可以使用"增量"模式来控制工业机器人的运动。在"增量"模式下,操作杆每偏转一下,工业机器人就移动一步。如果操作杆偏移持续 1 s 或数秒,工业机器人就会持续移动,速率为 10 步/s。

操作方法:在手动操纵界面,点击"增量"即可,如图 1.3-9 所示。

该模式一般用于工业机器人位置的精确调整,其移动增量也有小、中、大之分,也可以由用户自定义,具体如图 1.3-10 所示。

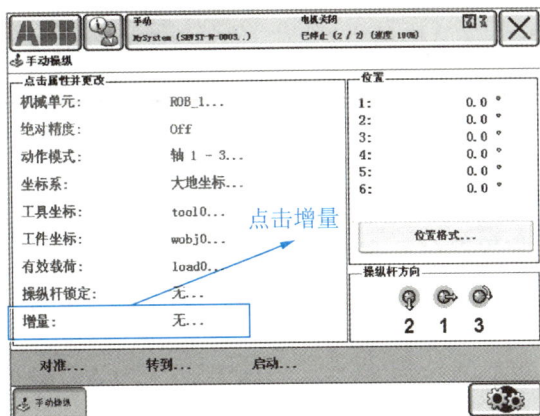

图 1.3-9 设置增量模式

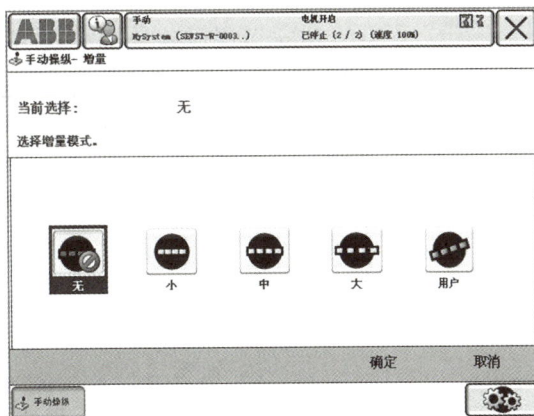

图 1.3-10 选择增量模式

学习活动 4　工业机器人坐标系标定

　　坐标系是为确定工业机器人的位置和姿态而设定的空间位姿指标系统,它从一个称为原点的固定点通过轴定义平面或空间,如图 1.4-1 所示。工业机器人的运动实质是根据不同的作业内容、轨迹要求,在各种坐标系下运动。

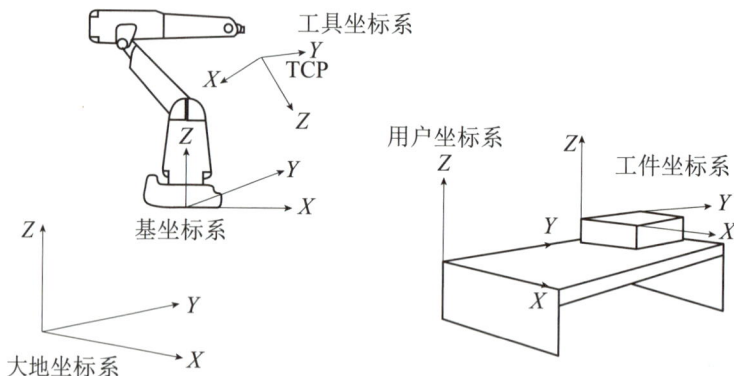

图 1.4-1　坐标系图解

一、工业机器人坐标系

微课:机器人坐标系

　　工业机器人系统中可使用若干坐标系,每一种坐标系都可以适用于特定类型的控制和编程。相关坐标系有:关节坐标系、基坐标系、大地坐标系、工具坐标系、工件坐标系和用户坐标系。下面对这些坐标系进行介绍。

1. 关节坐标系

　　关节坐标系是设定在工业机器人关节中的坐标系,它是每个轴相对其原点位置的绝对角度,每一个关节具有一个自由度,一般由一个伺服电机控制。ABB IRB 120 工业机器人的关节坐标系如图 1.4-2 所示。

　　工业机器人的关节与 0°刻度标记位置对齐时,为该关节的 0°位置,仔细观察工业机器人的每个关节,均有 0°刻度标记位置。

　　工业机器人关节坐标系的表示方法如下:

$$P = (J_1, J_2, J_3, J_4, J_5, J_6)$$

式中,J_1、J_2、J_3、J_4、J_5、J_6 分别表示 6 个关节的角度位置,单位为度(°)。此处需要说明的是,6 个关节的角度并不都是 0°~360°,不同型号的工业机器人,每个关节的运动范围是一定的,可以参考相关型号工业机器人的参数。

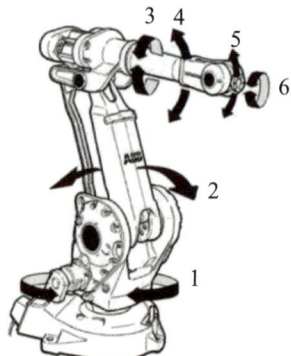

1~6 表示关节的编号

图 1.4-2　关节坐标系

小贴士

关节坐标系角度数值查看

　　在单轴动作模式下,手动操纵界面的位置显示区会显示每个轴的角度数值。

2.基坐标系

基坐标系位于工业机器人基座上,如图 1.4-3 所示,使用该坐标系可以方便地将工业机器人从一个位置移动到另一个位置。

该坐标系在工业机器人基座中有相应的零点,操纵示教器操作杆向前和向后可使工业机器人沿 X 轴移动,向两侧可使工业机器人沿 Y 轴移动,旋转操作杆可使工业机器人沿 Z 轴移动。

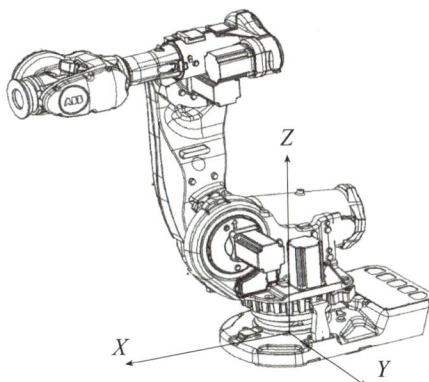

图 1.4-3　基坐标系

3.大地坐标系

大地坐标系,又称为世界坐标系,是系统的绝对坐标系,作为工业机器人插补动作的基准,其余所有的坐标系都是在它的基础上变换得到的。

大地坐标系在工作单元或工作站中的固定位置有其相应的零点,这有助于操作若干个机器人或由外轴移动的机器人,如图 1.4-4 所示。在默认情况下,大地坐标系与基坐标系是一致的。

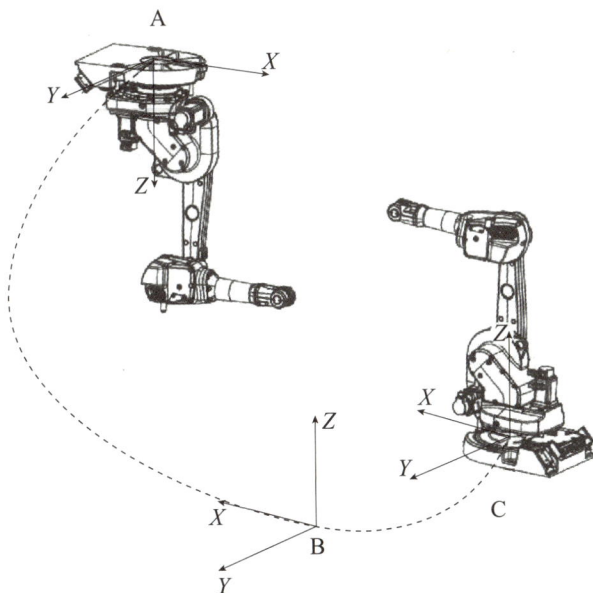

A—工业机器人 1 基坐标系;B—大地坐标系;C—工业机器人 2 基坐标系

图 1.4-4　大地坐标系

4．工具坐标系

工具坐标系固定在工具的端部，其坐标零点为 TCP（工具中心点），由此定义工具的位置和方向，工具坐标系中心即为 TCP，如图 1.4-5 所示。

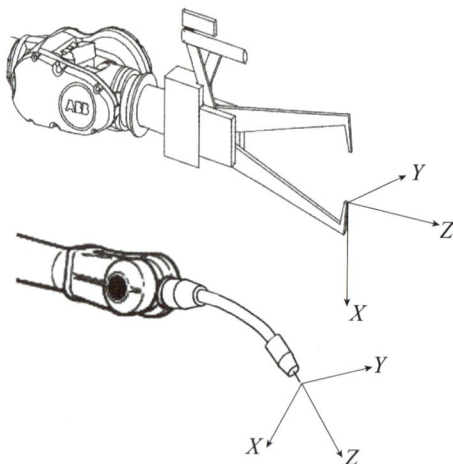

图 1.4-5　工具坐标系

在执行程序时，工业机器人就是将 TCP 移至编程位置。这意味着，如果要更改工具（以及工具坐标系），工业机器人的移动将随之更改，以便新的 TCP 到达目标。

5．工件坐标系

工件坐标系对应工件，它定义工件相对于大地坐标系（或其他坐标系）的位置，如图 1.4-6 所示。一个工业机器人可以拥有若干工件坐标系，这些工件坐标系可以表示不同的工件，也可以表示同一工件在不同位置的状态。

A—大地坐标系；B—工件坐标系 1；C—工件坐标系 2

图 1.4-6　工件坐标系

6. 用户坐标系

用户坐标系可用于表示固定装置、工作台等设备,如图 1.4-7 所示。这相当于在相关坐标系链中提供了一个额外级别,有助于处理持有工件或与其他坐标系相关的设备。

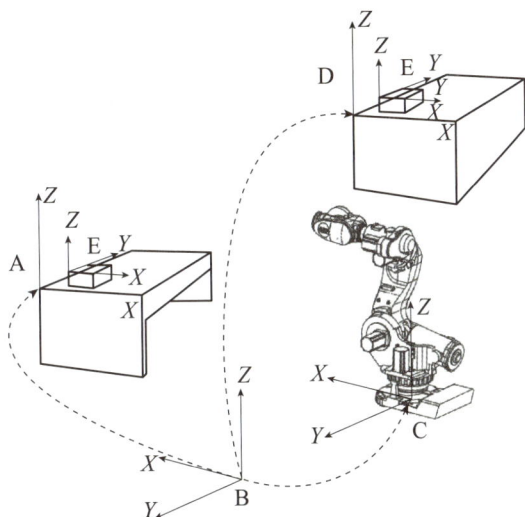

A—用户坐标系;B—大地坐标系;C—基坐标系;D—移动用户坐标系;
E—工件坐标系,与用户坐标系一同移动

图 1.4-7　用户坐标系

> **小贴士**
>
> 坐标系方向可由右手定则确定,如图 1.4-8 所示:
>
> √ 大拇指指向为 Z 轴正方向。
>
> √ 食指指向为 X 轴正方向。
>
> √ 中指指向为 Y 轴正方向。
>
>
>
> **图 1.4-8　右手定则**

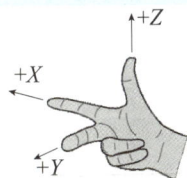

二、工具坐标系标定

在开始标定工具坐标系前,需要了解 Tooldata 的定义:工具数据 Tooldata 用于描述安装在工业机器人第六轴上的工具的 TCP、重量、重心等参数。这些参数主要分为工具坐标系(tframe)和工具负载(tload)两类。在 tframe 中,包含位置偏移(trans)和方向改变(rot),如图 1.4-9 所示。

微课:标定坐标系

在工业机器人应用过程中,当工具重新安装、更换工具或工具使用后出现运动误差时,需要重新标定工具坐标系。

1. 工具坐标系标定方法

ABB 工业机器人定义工具坐标系时有以下 3 种方法:

① N 点法($3 \leqslant N \leqslant 9$),不改变 tool0 的坐标方向;

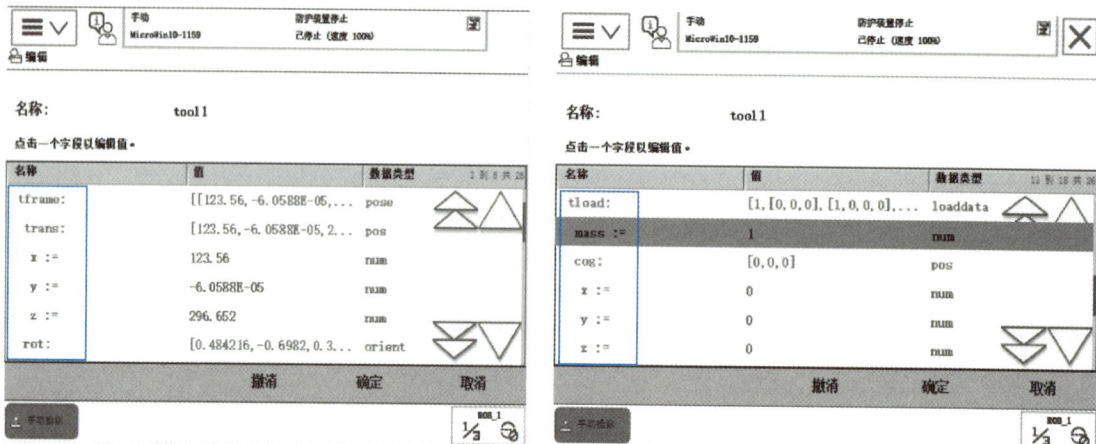

图 1.4-9　Tooldata

② "TCP 和 Z"法,改变 tool0 的 Z 方向;

③ "TCP 和 Z,X"法,改变 tool0 的 X 和 Z 方向(此方法在焊接机器人中最为常用)。

2.工具坐标系标定操作

整体步骤如下:

① 在工业机器人工作范围内找一个非常精确的固定点作为参考点,一般工业机器人会附带一个用于定义工具坐标系的圆锥件。

② 在工具上确定一个参考点,最好是 TCP(tool0)。

③ 用手动操纵工业机器人的方法,移动 4 种以上不同工业机器人姿态的 TCP,使其与固定点进行精确对接。

④ 工业机器人根据这些位置点的数据计算并得到 TCP 数据,该 TCP 数据将保存在 tooldata 程序数据中,供程序调用。

在一般情况下,最好使用"TCP 和 X、Z"法标定工具坐标系。下面也以这种标定方法进行操作演示(表 1.4-1)。

表 1.4-1　工具坐标系标定

步　骤	操作内容:工具坐标系标定	图　　示
1	进入 ABB 手动操纵界面,选择"工具坐标:"	

续表

步　骤	操作内容:工具坐标系标定	图　示
2	在弹出的工具界面中,点击"新建…"	
3	选中"tool1",点击"编辑"菜单中的"定义"选项	
4	选择"TCP 和 Z,X",点数设定为 4	
5	选择合适的手动操纵模式,按下使能按钮,操作手柄靠近固定点,点击"修改位置"按钮完成点 1 的修改。按照上面的操作依次完成对点 2、3、4 的修改	

续表

步　骤	操作内容:工具坐标系标定	图　示
6	工具参考点以点 4 的姿态从固定点移动到 TCP 的 $+X$ 方向;点击"修改位置"	
7	工具参考点以点 4 的姿态从固定点移动到 TCP 的 $+Z$ 方向,点击"修改位置"	
8	点击"确定"	

续表

步　骤	操作内容:工具坐标系标定	图　示
9	查看误差,越小越好,但也要以实际验证效果为准。点击"确定"	
10	选中"tool1",然后打开编辑菜单选择"更改值…"	
11	在更改值菜单中点击箭头向下翻页,将 mass 的值改为工具的实际重量	
12	编辑工具中心坐标,以实际为准最佳。完成后,点击"确定"	

工具坐标系标定技巧

为了获得更准确的 TCP,前 3 个点的姿态相差尽量大些;第 4 个点是使工具参考点垂直于固定点;第 5 个点是工具参考点,从固定点向将要设定为 TCP 的 X 方向移动;第 6 个点是工具参考点,从固定点向将要设定为 TCP 的 Z 方向移动。

三、工件坐标系标定

对工业机器人进行编程时,就是在工件坐标系中创建目标和路径,这带来很多优点:

① 重新定位工作站中的工件时,只需更改工件坐标的位置,所有路径即随之更新。

② 允许借助外部轴或传送导轨来操作工件和移动,因为整个工件可连同其路径一起被移动。

如图 1.4-10 所示,A 是工业机器人的大地坐标系,用于描述工业机器人的基准位置。为了方便编程,可以在第一个工件上建立一个工件坐标系 B,并在该工件坐标系中进行轨迹编程。如果工作台上还有一个相同的工件需要沿着相同的轨迹运动,可以用同样的方法建立另一个工件坐标系 C,并复制工件坐标系 B 中的轨迹编程。然后,只需将工件坐标系从 B 更新为 C,就可以实现相同的轨迹运动,而无须重复进行轨迹编程。

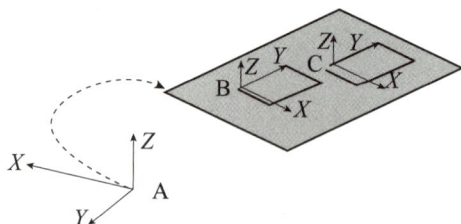

图 1.4-10 不同工件坐标示意

1.工件坐标系标定方法

工件坐标系的标定使用三点法。如图 1.4-11 所示,在对象的平面上,定义三个点,就可以建立一个工件坐标。其中,X1X2 确定工件坐标系 X 轴正方向;Y1 点确定 Y 轴正方向。

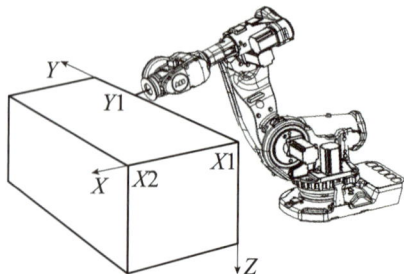

图 1.4-11 工件坐标系三点法

2.工件坐标系标定操作(表 1.4-2)

表 1.4-2　工件坐标系标定

步　骤	操作内容:工件坐标系标定	图　示
1	在手动操纵界面选择"工件坐标:"	
2	点击"新建…"	
3	对工件数据属性进行设定后,点击"确定"	
4	打开"编辑"菜单,选择"定义…"	

续表

步　骤	操作内容:工件坐标系标定	图　示
5	将用户方法设定为"3点"	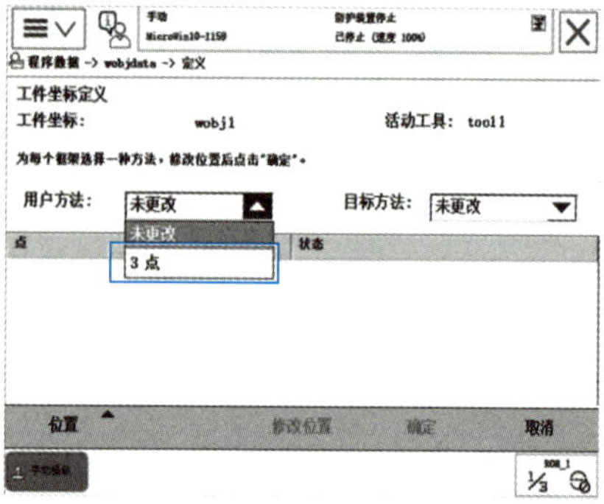
6	手动操作工业机器人的工具参考点靠近定义工件坐标的 X1 点,点击"修改位置",将 X1 点记录下来。依次完成 X2 点和 Y1 点的位置修改,最后点击"确定"	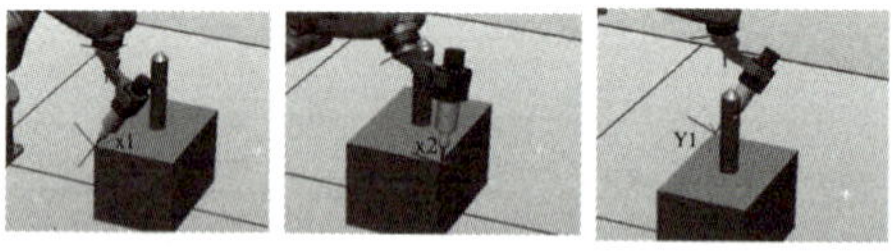 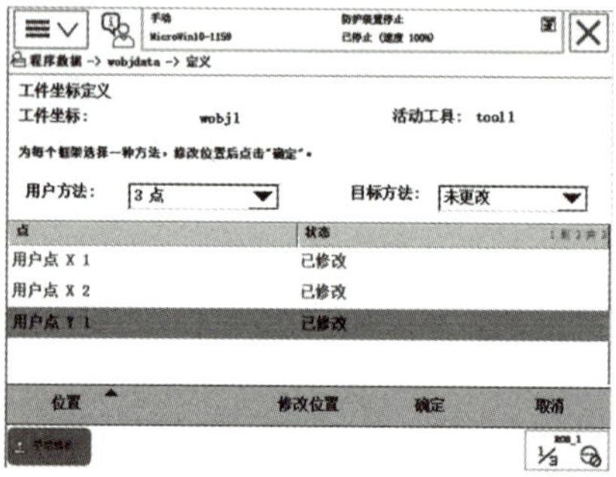
7	对工件位置进行确认后,点击"确定"	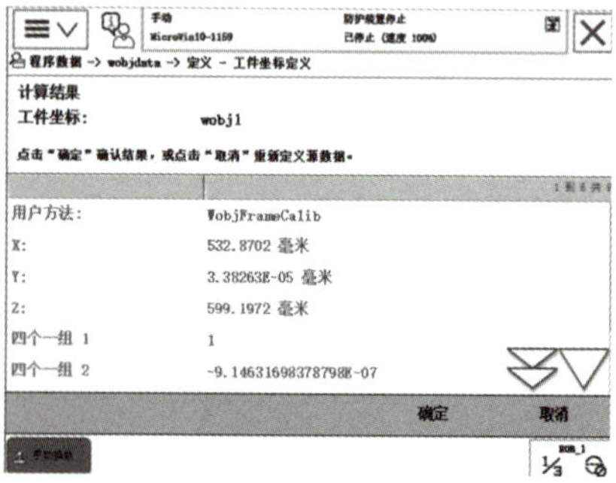

小贴士

手动测试坐标系准确性

　　工件坐标系建立好后,可以选择新创建的工件坐标系,按下使能按钮,用手拨动工业机器人手动操作摇杆,使用线性动作模式,观察在新的工件坐标系下移动的情况,由此来检查新的工件坐标系。

学习活动 5　工业机器人参数管理

在工业机器人的使用过程中,根据不同的应用需求和工作环境,需要对工业机器人的参数进行调整和优化。参数管理的目的是通过调整这些参数,使工业机器人能够更好地适应特定的任务和工作条件,提高生产效率和质量。参数管理的工作包括参数的设置、调整、校准和记录。

微课:零点位置更新

一、零点位置更新

机械零点也称物理参考点,是一个物理输入信号,指安装在机械上的一个行程开关或接近开关,只要不改变信号的安装位置,零点位置是固定不变的。ABB 六轴关节机器人每个轴都有一个机械零点,当工业机器人丢失零点位置后,需要机械零点作为参考点更新原点位置数据。

1. 零点位置更新原因

在 ABB 工业机器人中,机器人的零点位置更新也叫作更新转数计数器。在遇到下列情况时,需要进行转数计数器的更新操作:

① 当系统报警提示"转数计数器未更新"时,如图 1.5-1 所示;

② 当转数计数器发生故障,修复后;

③ 转数计数器与测量板之间断开过;

④ 断电后,工业机器人的关节轴发生了移动;

⑤ 更换伺服电机转数计数器电池之后。

⑥ 第一次安装完工业机器人和控制器,并进行线缆连接之后。

> 产品: IRC5机器人系统
>
> 故障代码: 10036
>
> 故障现象:
> 转数计数器未更新,检查后,系统发现一个或多个轴的转数计数器未更新。要启动操作,必须更新所有轴的转数计数器。
>
> 故障原因:
> 机械手驱动电机和相关单元可能有变更,例如,替换成了故障单元。
>
> 解决方案:
> 遵循机械手《产品手册》的详细叙述更新所有轴的转数计数器。

图 1.5-1　系统报警

2. 零点位置更新操作

下面以 IRB 120 工业机器人为例,进行零点位置更新操作演示(表 1.5-1):

表 1.5-1　零点位置更新

步　骤	操作内容:零点位置更新	图　示
1	在控制柜上将钥匙旋转到手动减速模式,将工业机器人的操作状态切换到手动模式	

续表

步 骤	操作内容:零点位置更新	图 示
2	手动操纵,在单轴动作模式下控制各关节轴转动至机械零点位置(关节轴处于 0°,各关节轴运动的顺序为轴 4→轴 5→轴 6→轴 1→轴 2→轴 3)	
3	打开示教器,点击左上角主菜单,选择"校准"	
4	在弹出的"校准"界面中选择需要校准的机械单元,此处点击选择"ROB_1"	
5	点击"手动方法(高级)"按钮	

续表

步　骤	操作内容:零点位置更新	图　示
6	选择"校准　参数—编辑电机校准偏移…"	
7	将工业机器人本体上电机校准偏移记录下来。可在位于下壁上底座或机架上凸缘板下的标签上找到正确的校准值	
8	在弹出的对话框中,点击"是"	
9	输入刚才从工业机器人本体记录的电机校准偏移数据,然后点击"确定"。如果示教器中显示的数值与工业机器人本体上的标签数值一致,则无须修改,直接点击"取消"退出	
10	点击"是"	

续表

步 骤	操作内容:零点位置更新	图 示
11	重启后,选择"校准"	
12	点击"ROB_1"选择"更新转数计数器…"	
13	点击"是"	
14	点击"确定"	
15	点击"全选",然后点击"更新"	

续表

步骤	操作内容:零点位置更新	图示
16	点击"更新"	
17	操作完成后,转数计数器更新完成	

二、运动速率更改

ABB 工业机器人运动速率可以自定义,需要对速率数据 speeddata 进行修改。speeddata 用于规定机械臂和外轴均开始移动时的速率。

1. 速率数据参数解释

速率数据定义了 TCP 移动时的速率、工具的重定位速率、线性或旋转外轴移动时的速率。speeddata 由 4 个部分组成,如图 1.5-2 所示。

微课:运行速度更改及程序备份恢复

图 1.5-2　speeddata 参数

(1)v_tcp(velocity tcp)

数据类型:num。

TCP 的速率,以 mm/s 计。如果使用固定工具或协同的外轴,则规定相对于工件的速率。

37

（2）v_ori（velocity orientation）

数据类型：num 。

TCP 的重定位（姿态旋转）速率，以（°）/s 表示。如果使用固定工具或协调外轴，则规定相对于工件的速率。

（3）v_leax（velocity linear external axes）

数据类型：num。

线性外轴的速率，以 mm/s 计。

（4）v_reax（velocity rotational external axes）

数据类型：num；

旋转外轴的速率，以（°）/s 计。

例：VARspeeddata vmedium := [1 000,30,200,15];

该语句定义了速率数据 vmedium，TCP 速率为 1 000 mm/s，工具的重定位速率为 30 （°）/s，线性外轴的速率为 200 mm/s，旋转外轴的速率为 15 （°）/s。

2.**速率数据定义操作**（表 1.5-2）

表 1.5-2 运行速率更改

步　骤	操作内容：运行速率更改	图　　示
1	在示教器主菜单下选择"程序数据"	
2	在全部数据类型中找到"speeddata"	
3	打开后"新建"一个数 speed1	

续表

步　骤	操作内容:运行速率更改	图　示
4	选择编辑后,点击"更改值",就可以对参数进行修改了	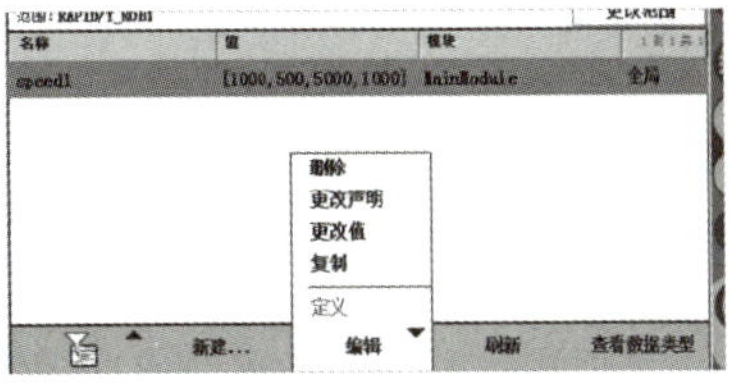
5	根据要调节的速率,对 4 个参数进行修改即可	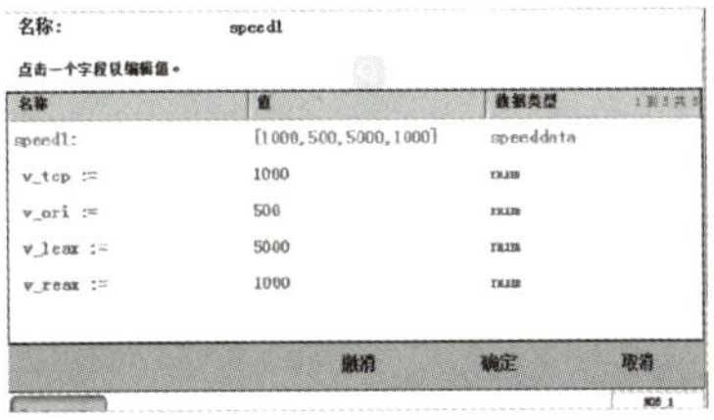

三、程序备份与恢复

定期对数据进行备份,是保证 ABB 工业机器人正常工作的良好习惯。当工业机器人系统出现错乱或者重新安装新系统时,可以通过备份快速地把机器人恢复到备份时的状态。

1. 程序备份操作

工业机器人数据备份的对象是所有正在系统内存运行的 RAPID 程序和系统参数。将控制器中的当前程序备份到移动硬盘(U 盘)里,具体的操作步骤如表 1.5-3 所示。

表 1.5-3　程序备份

步　骤	操作内容:程序备份	图　示
1	在示教器菜单中,点击"备份与恢复"按钮	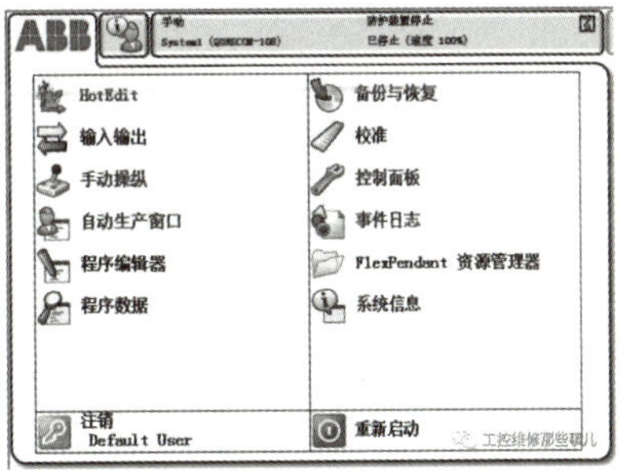
2	点击"备份当前系统…"按钮	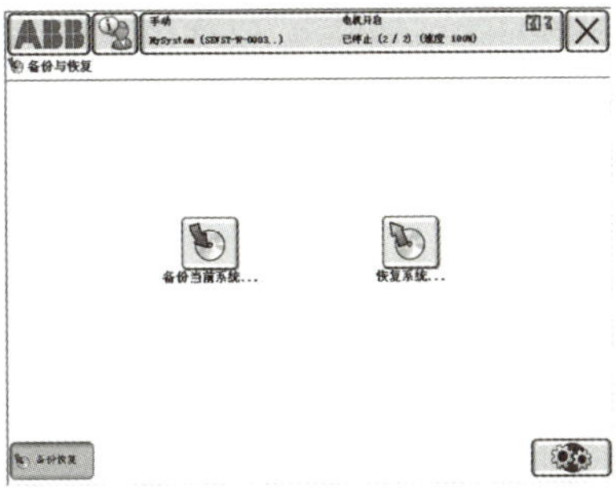

续表

步　骤	操作内容:程序备份	图　示
3	点击"ABC…"按钮,进行存放备份数据目录名称的设定; 点击"…",选择备份存放的位置(工业机器人硬盘或 USB 存储设备); 点击"备份"进行备份操作,等待备份的完成	

2.程序恢复操作

程序恢复操作如表 1.5-4 所示。在进行恢复时,要注意的是,备份数据是具有唯一性的,不能将一台工业机器人的备份恢复到另一台工业机器人中去,这样做的话,会造成系统故障。

表 1.5-4　程序恢复

步　骤	操作内容:程序恢复	图　示
1	在示教器菜单中,点击"备份与恢复"按钮,点击"恢复系统…"按钮	
2	点击"…",选择备份存放的目录。点击"恢复"即可	

课程总结

　　本学习任务主要围绕 ABB 工业机器人运动位置调整和基本认知展开讲述。通过学习,学生将深入了解工业机器人的基础知识、安全操作规程以及相应的防护措施。此外,学生还将学习如何设置和操作示教器,掌握不同坐标系的标定方法,并理解工业机器人参数管理的实用技巧。本部分内容涵盖 ABB 工业机器人的基础学习要领,目的在于帮助学生更好地理解和运用这一先进的工业生产设备。

课堂小测

一、单选题

1. ABB 公司的全球业务总部设在(　　　)。

A. 瑞典　　　　　　　　B. 捷克　　　　　　　　C. 中国　　　　　　　　D. 美国

2. 以下不属于工业机器人"四大家族"的品牌是(　　　)。

A. ABB　　　　　　　　B. 发那科(FANUC)　　　C. 库卡(KUKA)　　　　D. 三菱

3. 根据下列图片,选出其对应的工业机器人类型(　　　)。

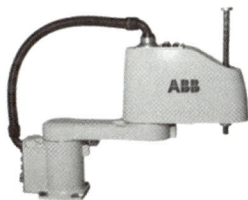

A. 直角坐标机器人　　　B. 平面关节型机器人　　　C. 协作机器人　　　　　　D. 并联机器人

4. 多用于各制造业、物流设备、搬运码垛、上下料的工业机器人类型是(　　　)。

A. 多关节机器人　　　　B. 直角坐标机器人　　　C. 平面关节型机器人　　　D. 协作机器人

5. 下列选项中,不属于工作站开机需要检查的内容是(　　　)。

A. 检查工业机器人周边设备、作业范围是否符合开机条件

B. 检查电源是否正常接入

C. 将气泵供气阀门旋至与气管垂直方向一致,关闭阀门

D. 确认控制柜和示教盒上的急停按钮已经按下

二、多选题

1. 下列选项中,属于工业机器人组成部分的是(　　　)。

A. 中控系统　　　　　　B. 主体　　　　　　　　C. 驱动系统　　　　　　D. 控制系统

2. 工业机器人系统的组成包括(　　　)。

A. 工业机器人本体　　　　　　　　　　　　B. 控制柜

C. 示教器　　　　　　　　　　　　　　　　D. 配电箱和连接电缆

三、判断题

1.配电箱能提供合适的电源电压和电流,其主要作用是为工业机器人提供电力供应和电路保护,以满足机器人系统的工作需求。 （   ）

2.线性运动是指安装在机器人第六轴法兰盘上的工具(也称为工具中心点,TCP)在空间中进行直线或线性轨迹的移动。 （   ）

3.ESD(静电放电)是电势不同的两个物体间的静电传导,它可以通过直接接触传导,也可以通过感应电场传导。 （   ）

4.当电气设备(例如机器人或控制器)起火时,使用水或泡沫灭火。 （   ）

四、填空题

1.常用的六轴工业机器人本体主要由_____、_____、臂部、腕部和手部五个部分组成。

2._____是工业机器人的_____,它的作用是给工业机器人提供电源,控制工业机器人在工作空间中的运动位置、姿态和轨迹,操作顺序及动作的时间等,完成特定的作业。

3.示教器包括触摸屏、_____、动态图形界面、_____和三维度播杆控制。

4.新能源汽车高压触电是指人体接触到_____或_____导致电流通过人体,造成触电伤害甚至危及生命的现象。

学习任务 2

工业机器人工作站产品换型调整

学习目标

1. 认识 ABB 工业机器人气动系统的工作原理和组成；
2. 能进行工业机器人工作站的气路连接操作；
3. 能概述气动元件润滑和气路气压调节的操作方法；
4. 能举例说明 I/O 通信的种类和常用的标准 I/O 板；
5. 能进行 I/O 信号的配置、查看与仿真；
6. 能进行可编程按键、常用信号和系统输入/输出信号的配置操作；
7. 能说明 Event Routine 的概念和触发条件；
8. 能进行 Event Routine 的设定操作。

建议课时:40 课时

学习要求

序　号	学习活动	学习内容	学　时	备　注
1	工业机器人气路安装与调整	工作站气动系统介绍	8	演示使用工业机器人型号为 ABB IRB 120
		气路连接		
		气动元件润滑		
		气路气压调节		

续表

序　号	学习活动	学习内容	学　时	备　注
2	工业机器人 I/O 通信配置	I/O 硬件介绍	24	演示使用工业机器人型号为 ABB IRB 120
		标准 I/O 板配置		
		I/O 信号配置		
		I/O 信号查看与仿真		
		可编程按键配置		
		常用信号配置		
		系统 I/O 信号连接		
3	事件例程 Event Routine	Event Routine 基本要素	8	
		Event Routine 设定		

学习活动 1　工业机器人气路安装与调整

想一想

日常生活中,公共汽车上的车门打开、关闭时有"嗞"的一声,你有没有想过这是什么声音? 推动门的这一股强大的力量又是什么呢?

在工业机器人中,气路是指机器人系统中用于控制气动元件的气体流动系统,从而实现机械装置的运动、夹持、定位等操作。气路如图 2.1-1 所示。

图 2.1-1　工业机器人气路

一、工作站气动系统介绍

1.气动系统的工作原理

工业机器人的气动系统是以压缩空气为工作介质,在控制元件的控制和辅助元件的配合下,通过气动执行元件把空气的压缩能转换为机械能,从而完成机器人的直线或回转运动并对外做功,从而完成各种动作。

微课:工业机器人气路连接

如图 2.1-2 所示为某工业机器人的气动系统。

图 2.1-2　工业机器人气动系统

2.气动系统的组成

一个完整的气动系统由气源装置、控制元件、执行元件和辅助元件四部分组成,各组成部分的功能及典型元件如表 2.1-1 所示。

表 2.1-1　气动系统的组成

组成部分	功能	典型元件	图　示
气源装置	用于产生压缩空气,一般由电动机带动,其吸气口装有空气过滤器,可以对空气进行净化	① 空气压缩机:提供压缩空气; ② 气罐:存储气体	
执行元件	利用压缩空气驱动不同的机械装置,实现不同的动作,包括往复直线运动、旋转运动及摆动等	① 气缸:推动工件做直线运动; ②气马达:推动工件做连续旋转运动; ③ 气爪:抓取工件	
控制元件	用来控制压缩空气的压力、流量和方向等,使气动执行机构获得必要的力、动作速度和改变运动方向,并按规定的程序工作	① 电磁阀:改变气体的流动方向或通断; ② 压力阀:调节压缩气体的压力; ③ 调速阀:控制气缸的运动速度; ④ 节流阀:控制气体流量	

续表

组成部分	功能	典型元件	图　示
辅助元件	用于连接相关的元件或对系统进行消声、冷却、测量等,保证气动系统可靠、稳定地工作	① 真空发生器:用于创建真空状态,以便夹持工件或提供吸附力; ② 空气过滤器:过滤流经气体中的颗粒或杂质; ③ 油雾器:用于润滑系统,保持元件的顺畅运行; ④ 消声器:用于减少或消除噪声	

小贴士

气动三联件

在气动技术中,将空气过滤器(F)、减压阀(R)和油雾器(L)三种气源处理元件组装在一起称为气动三联件,用以将进入气动仪表之气源净化过滤和减压至仪表供给额定的气源压力,相当于电路中电源变压器的功能。如图 2.1-3 所示。

图 2.1-3　气动三联件

工业机器人的气动系统组成连接示例如图 2.1-4 所示。

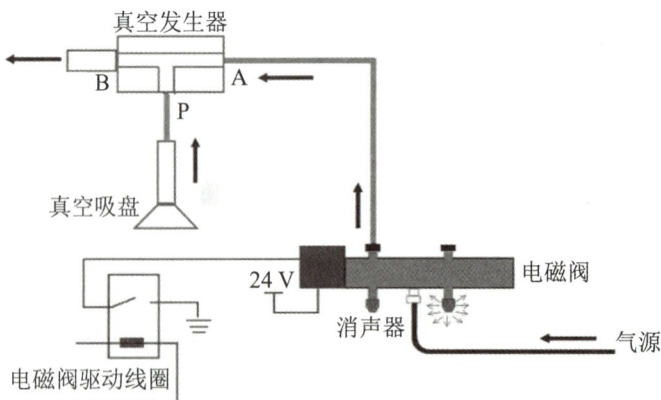

B 接口:连接真空吸盘用于传递真空吸力;P 接口:连接气源,提供压缩空气;A 接口:连接真空发生器,用于产生真空

图 2.1-4　气动系统连接图示例

二、气路连接

工业机器人的末端执行器如果使用气动部件(含真空吸附部件),则需要连接气路。IRB 120工业机器人本体上提供了气路接口,位于底座与机器人上臂处,底座气口为进气口,上臂气口为出气口,如图 2.1-5 所示。

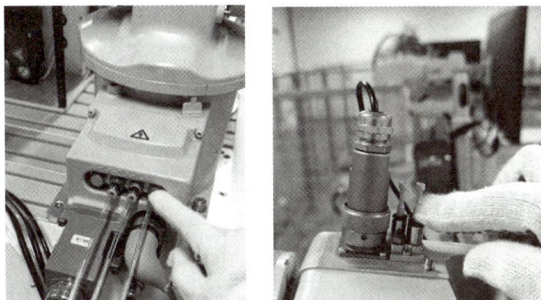

图 2.1-5　工业机器人气路接口

小贴士

气路连接注意事项

由于 ABB IRB 120 工业机器人的气动系统是直通气路,因此需要外接电磁阀来控制机器人的气路通断。另外,IRB 120 工业机器人的气口处采用螺纹气管接头,为了确保气体的安全传输,通常需要使用快插接头连接。

以夹爪为例,底座上的气源输送插口通过 PE(聚乙烯,polyethylene)气管与电磁阀相连接。通过电磁阀与继电器的信号控制,压缩空气可以通过机器人本体内部的气管输送到上臂的气源输送孔。然后,夹爪与输送孔通过气管相连,从而将气源输送给夹爪实现夹爪的打开和闭合操作。

气路连接具体操作如表 2.1-2 所示。

表 2.1-2　气路连接

步　骤	操作内容:气路连接	图　示
1	用 PE 气管将空气压缩机产生的气体引入气动三联件中,并连接电磁阀	
2	将三根 PE 气管插入到电磁阀接口处,再分别连接到机器人底座 Ai1、Ai2 和 Ai4 气源接口	

续表

步　骤	操作内容:气路连接	图　示
3	选择一段长度适合的 PE 气管,两端分别插入机器人手臂与夹爪的气源插口	

延伸阅读:ABB 工业机器人电缆及管路连接

IRB 120 工业机器人本体基座上包含动力电缆接口、编码器电缆接口、集成气源接口和集成信号接口,如图 2.1-6 所示。

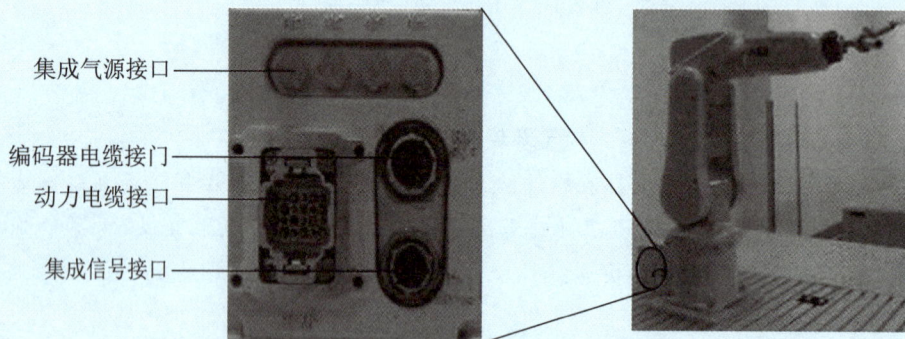

图 2.1-6　IRB 120 工业机器人基座接口

基于工业机器人本体、控制柜和示教器等,工作站各设备之间的电缆及管路连接方式如图 2.1-7 所示。

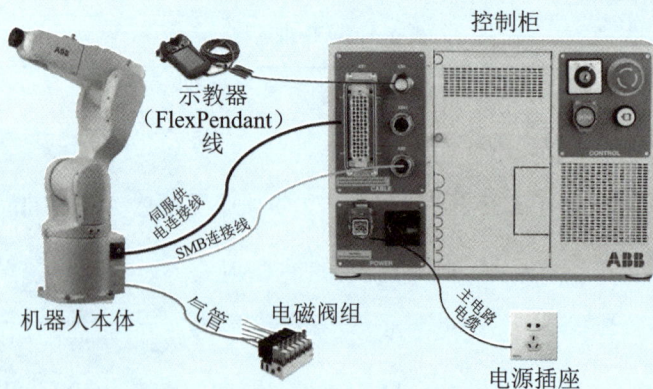

图 2.1-7　电缆及管路连接简图

三、气动元件润滑

气动系统中使用的许多元件和装置都有滑动部分，为使其正常工作，需要进行润滑，以减少摩擦和磨损，提高机械传动效果。一般采用油雾器（图 2.1-8）作为气动组件的润滑装置。

微课：气动元件润滑
与气路气压调节

油雾器的使用原则是应使其安装位置尽量靠近使用端，选定适当尺寸的产品。另外，因其种类繁多，应按使用目的进行选定。

图 2.1-8　油雾器

① 安装位置：原则上油雾器应安装在过滤器、减压阀之后，靠近阀前。油雾器与阀的距离（一般在 5 m 之内）应尽可能短，高度在所用气动元件水平位置以上效果较好。另外，配管的粗细和长度、弯管数量均会影响润滑效果。如果配管直接向上延伸，油粒子在管道内壁上易于附着从而会明显缩短到达距离。

② 补油方法：油雾器补油时，可将给油塞拧下，将油倒入外壳内达到容积的 80% 即可。应定期检查和补充，使油雾器在不缺油状态下运行。因油用到导油管下端后无法向系统供油，故应在导油管下端露出之前及时补油。

③ 油量及其调节：气动回路和控制装置的给油量因其使用场所和使用条件不同而不同。

④ 最小滴油量：通过油雾器的空气流量太少时，因压差过小，油不会滴下来。故常以油雾器油开始滴下时的空气流量作为最小滴下流量来决定其性能。

⑤ 润滑油：气动元件推荐的润滑油为透平油中的一种（ISO VG32）——透平 1 号油。特别在对气动元件润滑时，考虑到它的特殊性，要求能防锈，不会引起密封材料的（对气动元件多采用 NBR 材料）溶胀、收缩、劣化。另外，还要考虑使用油雾器供油时的滴油性能，过高黏性的润滑油是不适宜的。

四、气路气压调节

要调节工业机器人的气路气压，就需要对各气路的节流阀进行调节。节流阀如图 2.1-9 所示。

1.节流阀的工作原理

图 2.1-9　节流阀

在工业机器人工作站中，节流阀的工作原理是通过调节阀门的开口大小来限制气体流经的截面积，从而控制气体的流量。这样可以调节执行元件的速度、力或其他与气路相关的参数。节流阀的连接方法如图 2.1-10 所示。

与气管连接

与气缸气口连接

图 2.1-10　节流阀连接

节流阀进气、排气的工作原理图如图 2.1-11 所示。

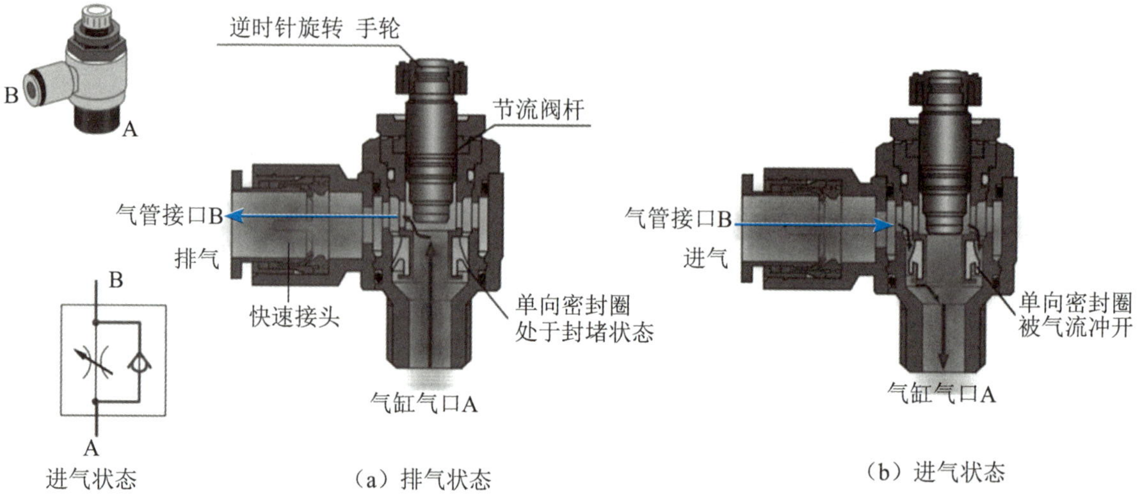

图 2.1-11　节流阀工作原理

2.节流阀的使用方法

调节工业机器人工作站节流阀,具体操作步骤如下:

① 确定调节目标:明确需要调节的气路和所需的调节目标,例如控制执行器的速度或力。

② 定位节流阀:确定需要调节的气路中的节流阀位置。

③ 初始设置:将节流阀的阀门完全关闭,确保气路中没有气体流动。这是调节的起点。

④ 打开气源:打开气源,让气体流入气路。

⑤ 逐步调节:缓慢地打开节流阀的阀门,观察气体流量的变化。通常,阀门是螺纹旋转或推动式的,可以通过手动旋转或推动来调节阀门的开口大小。

⑥ 观察执行器:观察执行器的运动情况,根据目标调节参数进行判断。如果执行器的速度或力不符合要求,则逐步增加或减小阀门的开口大小。

⑦ 测试和微调:进行测试并观察执行器的工作状态。根据需要微调阀门的开口大小,以满足工作要求。如果需要进一步调整,可以重复步骤⑤和步骤⑥,逐步微调阀门的位置。

⑧ 监测和调整:在调节完成后,持续监测气体流量和执行器的工作状态。如果需要进一步调整,可以根据实际情况对节流阀进行微调。

学习活动 2　工业机器人 I/O 通信配置

I/O 代表输入/输出,是指工业机器人与其他设备进行信息交流的接口。在自动化生产线中,工业机器人需要与其他设备(如传感器、PLC[①]、人机界面等)进行通信,以实现自动化的生产要求和协调工作。通过配置 I/O 信号,工业机器人操作员无须使用示教器或其他硬件设备,就可以直

---

① PLC 指可编程逻辑控制器(programmable logic controller)。

接对机器人进行控制和监控机器人系统的状态。

一、I/O 硬件介绍

1.I/O 通信种类

ABB 工业机器人提供了丰富的 I/O 通信接口,可以轻松地实现与周边设备进行通信,表 2.2-1 列举了最常用的三类通信方式:机器人与计算机间、机器人与现场总线间以及 ABB 提供的标准通信方式。

微课:I/O 硬件及标准 I/O 板配置

① RS232 通信、OPC server、Socket Message 是与 PC 通信时的通信协议。与 PC 进行通信时需在 PC 端下载 PC SDK,添加"PC. INTERFACE"选项方可使用。

② DeviceNet、Profibus、Profibus-DP、PROFINET、EtherNet IP 则是不同厂商推出的现场总线协议,使用何种现场总线,需根据需要进行选配。

③ 如果使用机器人标准 I/O 板,就必须有 DeviceNet 的总线。

表 2.2-1　ABB 工业机器人通信方式

计算机通信协议	现场总线协议	机器人标准
RS232 通信(串口外接条形码读取及视觉捕捉等)	DeviceNet	标准 I/O 板
OPC server	Profibus	PLC
Socket Message	Profibus-DP	分布或 I/O 板或 PLC
—	PROFINET	PLC
—	EtherNet IP	PLC、HMI 等

关于 ABB 工业机器人 I/O 通信接口的说明:

① ABB 的标准 I/O 板提供的常用信号处理有数字输入 Di、数字输出 Do、模拟输入 Ai、模拟输出 Ao 和输送链跟踪。

② ABB 工业机器人可以选配标准 ABB 的 PLC,省去了原来与外部 PLC 进行通信设置的麻烦,并且在机器人的示教器上就能实现与 PLC 相关的操作。

ABB 标准 I/O 板的安装位置如图 2.2-1 所示。

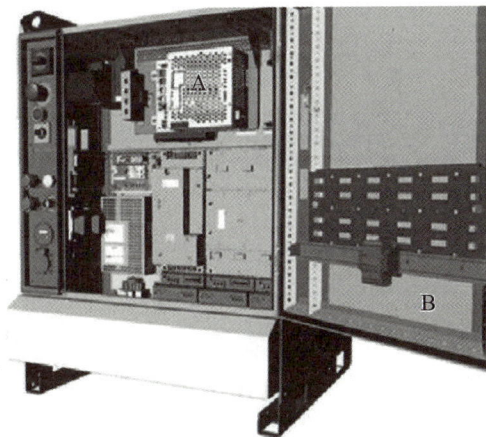

A—主计算机单元;B—ABB 标准 I/O 板(一般安装位置)

图 2.2-1　ABB 标准 I/O 板安装

2.标准 I/O 板分类

ABB 常用的标准 I/O 板有 5 种,如表 2.2-2 所示。其中,ABB IRB 120 机器人标配 DSQC652 I/O 板。

表 2.2-2　标准 I/O 板分类

型号	说　明
DSQC651	分布式 I/O 模块,含 8 位数字量输入＋8 位数字量输出＋2 位模拟量输出
DSQC652	分布式 I/O 模块,含 16 位数字量输入＋16 位数字量输出
DSQC653	分布式 I/O 模块,含 8 位数字量输入＋8 位数字量输出带继电器
DSQC355A	分布式 I/O 模块,含 4 位模拟量输入＋4 位模拟量输出
DSQC377A	输送链跟踪单元

DSQC652 标准 I/O 板主要提供 16 位数字输入信号和 16 位数字输出信号的处理,如图 2.2-2 所示为其接口说明。

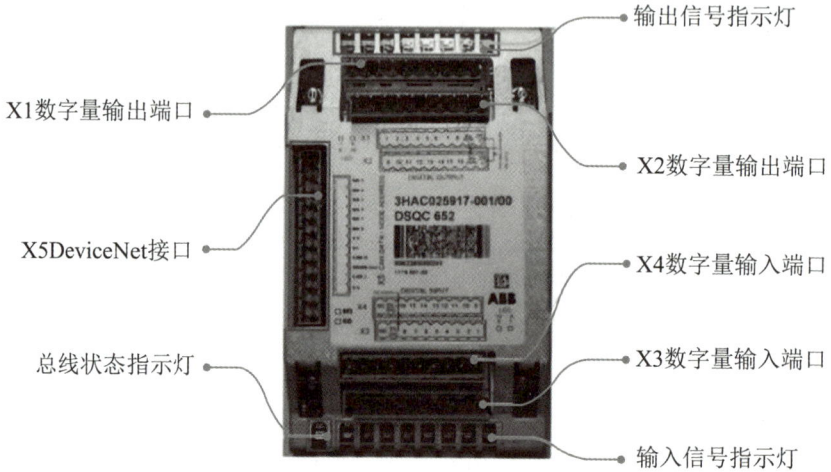

图 2.2-2　DSQC652 标准 I/O 板接口

X1～X4 端子地址分配如表 2.2-3 所示。

表 2.2-3　X1～X4 端子地址分配

X1 端子编号	使用定义	地址分配	X2 端子编号	使用定义	地址分配
1	INPUT CH1	0	1	INPUT CH1	8
2	INPUT CH2	1	2	INPUT CH2	9
3	INPUT CH3	2	3	INPUT CH3	10
4	INPUT CH4	3	4	INPUT CH4	11
5	INPUT CH5	4	5	INPUT CH5	12
6	INPUT CH6	5	6	INPUT CH6	13
7	INPUT CH7	6	7	INPUT CH7	14

续表

X1 端子编号	使用定义	地址分配	X2 端子编号	使用定义	地址分配
8	INPUT CH8	7	8	INPUT CH8	15
9	0 V		9	0 V	
10	24 V		10	24 V	
X3 端子编号	使用定义	地址分配	X4 端子编号	使用定义	地址分配
1	INPUT CH1	0	1	INPUT CH9	8
2	INPUT CH2	1	2	INPUT CH10	9
3	INPUT CH3	2	3	INPUT CH11	10
4	INPUT CH4	3	4	INPUT CH12	11
5	INPUT CH5	4	5	INPUT CH13	12
6	INPUT CH6	5	6	INPUT CH14	13
7	INPUT CH7	6	7	INPUT CH15	14
8	INPUT CH8	7	8	INPUT CH16	15
9	0 V		9	0 V	
10	未使用		10	未使用	

X5 端子是 DeviceNet 总线接口,端子使用定义如表 2.2-4 所示。其上的编号 6～12 跳线用来决定模块(I/O 板)在总线中的地址,可用范围为 10～63。

表 2.2-4   X5 端子使用定义

端子编号	使用定义	作 用
1	0 V BLACK	设备供电、网络拓展
2	CAN 信号线 low BLUE	
3	屏蔽线	
4	CAN 信号线 high WHITE	
5	24 V RED	
6	GND 地址选择公共端	DeviceNet 总线地址设定
7	模块 ID bit0(LSB)	
8	模块 ID bit1(LSB)	
9	模块 ID bit2(LSB)	
10	模块 ID bit3(LSB)	
11	模块 ID bit4(LSB)	
12	模块 ID bit5(LSB)	

X5 端子的 6～12 引脚的跳线就是用来设定模块的地址的。地址可用范围为 10～63。如图 2.2-3 所示,如果将第 8 脚和第 10 脚的跳线剪去,2+8＝10 就可以获得 10 的地址。

DSQC652 外部接线方式如图 2.2-4 所示。

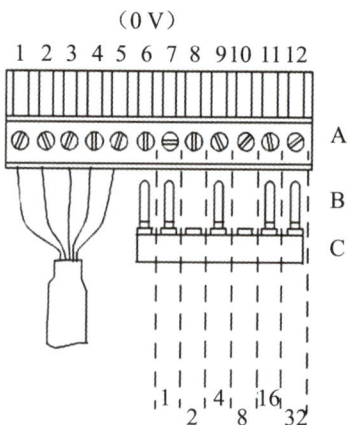

图 2.2-3　DeviceNet 接线图

外部端子台　　　　　　　　　　　　　外部端子接线图

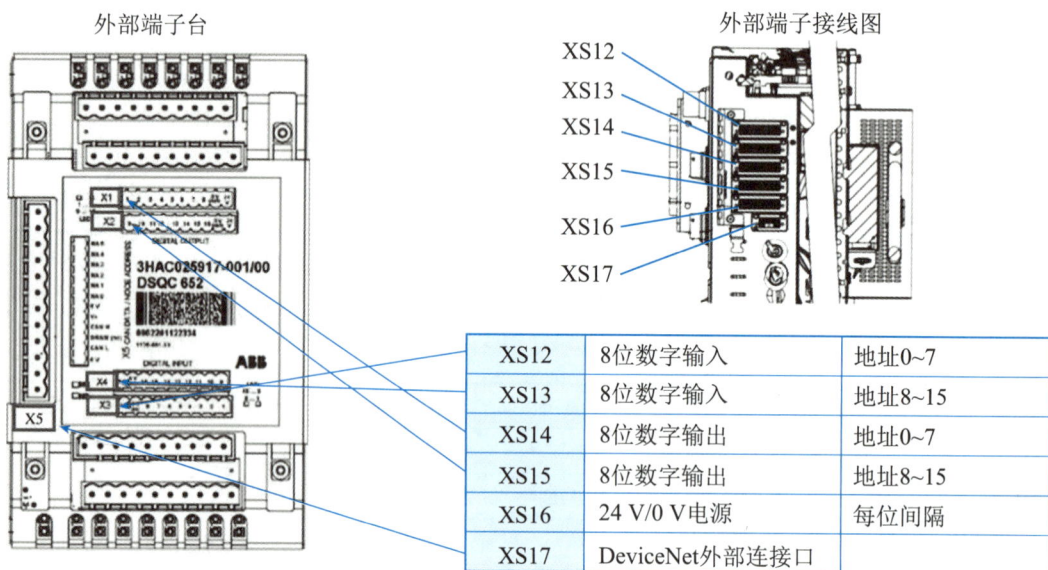

XS12	8位数字输入	地址0~7
XS13	8位数字输入	地址8~15
XS14	8位数字输出	地址0~7
XS15	8位数字输出	地址8~15
XS16	24 V/0 V电源	每位间隔
XS17	DeviceNet外部连接口	

图 2.2-4　DSQC652 外部接线方式

二、标准 I/O 板配置

ABB 标准 I/O 板除了在设置时给它们分配的地址不同以外,它们的配置方法基本相同。本任务以 DSQC652 标准 I/O 板为例介绍配置操作,定义 DSQC652 板总线连接的相关参数说明见表 2.2-5 所示。

表 2.2-5　DSQC652 板总线连接参数

参数名称	设定值	说　明
Name	Board10	设定 I/O 板在系统中的名字
Type of Unit	D652	设定 I/O 板的类型
Connected to Bus	DeviceNet2	设定 I/O 板连接的总线
DeviceNet Address	10	设定 I/O 板在总线中的地址

具体的操作步骤如表 2.2-6 所示。

表 2.2-6　添加 I/O 板

步　骤	操作内容:添加 I/O 板	图　示
1	打开示教器,进入主菜单界面,点击"控制面板"	
2	点击控制面板中的"配置"选项,进入配置系统参数界面	
3	在配置系统参数界面,双击"DeviceNet Device"进行 DSQC652 模块的选择和地址设定	
4	点击"添加"按钮,准备进入编辑界面	

续表

步　骤	操作内容:添加 I/O 板	图　示
5	点击"使用来自模板的值":对应的下拉箭头。选择"DSQC 652 24 VDC I/O Device"	
6	下翻界面,找到"Address"并双击,进入编辑配置参数界面	
7	将 Address 对应的值修改为 10(10 为前面计算的模块在总线中的地址),依次点击确定按钮,返回参数设定界面	
8	弹出"重新启动"界面,点击"是"即可重新启动控制系统,确定更改,定义 DSQC 652 板的总线连接操作完成	

三、I/O 信号配置

DSQC 652 板提供 16 位数字信号输入端和 16 位数字信号输出端。在设置输入、输出信号时，它们的地址范围均是 0～15。

微课：I/O信号配置

1.定义数字量输入/输出信号

(1)定义数字量输入信号 di1

数字量输入信号是用于接收外围设备在时间和数值上都是断续变化的离散信号。数字量输入信号 di1 的相关参数见表 2.2-7。

表 2.2-7　数字量输入信号 di1 相关参数

参数名称	设定值	说　明
Name	di1	设置数字量输入信号的名称
Type of Signal	Digital Input	设定信号的种类
Assigned to Device	d652	设定信号所在的 I/O 模块
Device Mapping	6(0～15 均可)	设定信号所占用的地址

关于定义 ABB 工业机器人数字量输入信号的具体操作如表 2.2-8 所示。

表 2.2-8　添加 I/O 板

步　骤	操作内容:添加 I/O 板	图　示
1	进入主菜单界面,点击"控制面板"	
2	点击"配置"选项,进入配置系统参数界面	

步　骤	操作内容:添加 I/O 板	图　示
3	点击"Signal",进入信号编辑界面	
4	点击"添加",进入信号界面	
5	进入信号配置界面后,点击"Name"参数进入信号名称设置界面,修改信号名称为"di1"并点击下面的"确定"按钮	

续表

步　骤	操作内容:添加 I/O 板	图　　示
6	双击"Type of Signal",选择 I/O 信号类型,在下拉框中选择"Digital Input"。 (Digital Input:数字输入;Digital Output:数字输出;Analog Input:模拟量输入;Analog Output:模拟量输出;Group Input:组输入;Group Output:组输出)	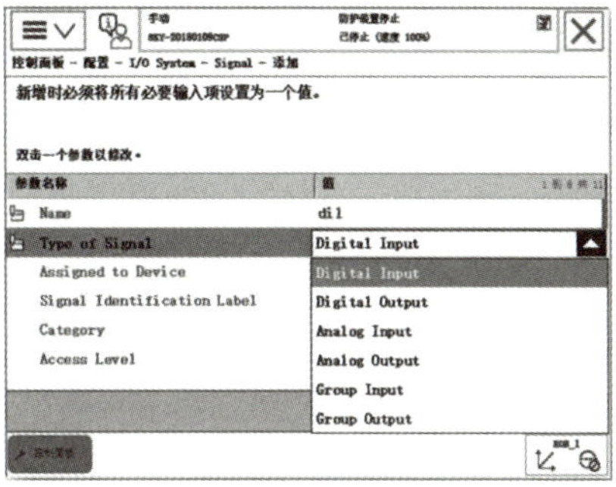
7	双击"Assigned to Device",选择关联 I/O 板,在下拉框中选择"d652"	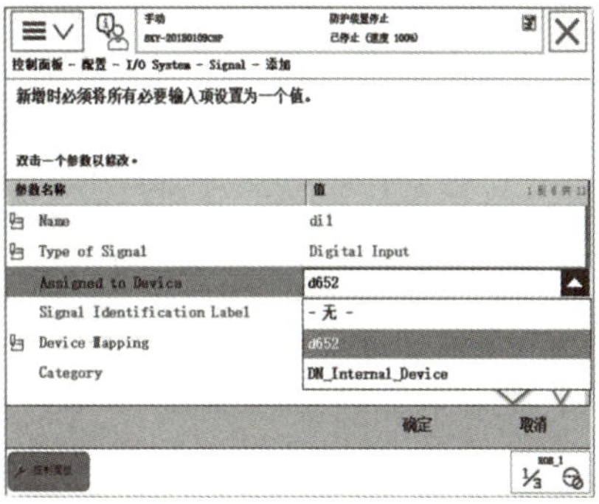
8	点击"Device Mapping",设定信号所占用的地址	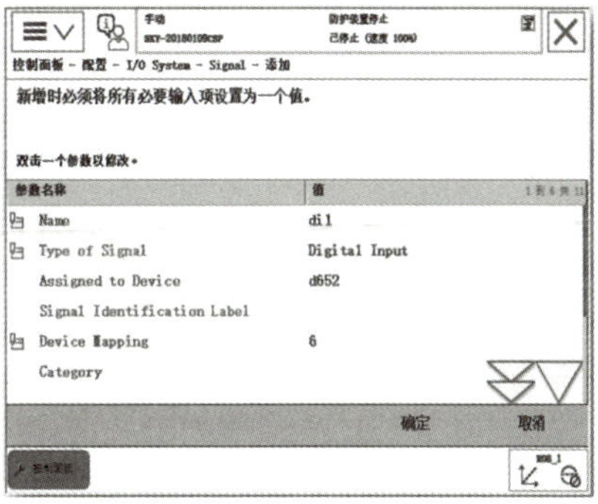
9	信号配置必须在系统重新启动后才能生效,会弹出右图所示对话框。如果还要进行信号配置,可以先点击"否"暂时不重启	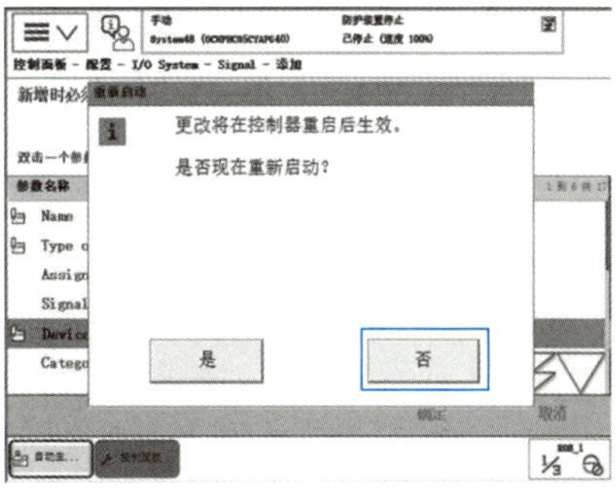

（2）定义数字量输出信号 do1

数字量输出信号是用于输出至外围设备在时间和数值上都是断续变化的离散信号。定义数字量输出信号的方法与定义数字量输入信号的方法类似，这里不再赘述，仅列出数字量输出信号 do1 的参数，如表 2.2-9 所示。

表 2.2-9 数字量输出信号 do1 相关参数

参数名称	设定值	说　明
Name	do1	设置数字量输出信号的名字
Type of Signal	Digital Output	设定信号的种类
Assigned to Device	d652	设定信号所在的 I/O 模块
Device Mapping	8（0～15 均可）	设定信号所占用的地址

2. 定义组输入/输出信号

在日常生活中，人们通常习惯使用十进制数进行计算，而计算机内部多采用二进制表示和处理数值数据，因此在计算机输入和输出数据时，就要进行由十进制到二进制的转换处理。

把十进制数的每一位分别写成二进制形式的编码，称为二进制编码的十进制数，即二到十进制编码或 BCD（binary coded decimal）编码。组信号就是将几个数字信号组合起来使用，用于输入 BCD 编码的十进制数。

（1）定义组输入信号 gi1

组输入信号的地址范围为 0～7，一共 2^8 个数值，即 0～255。组输入信号 gi1 的相关参数如表 2.2-10 所示。

表 2.2-10 组输入信号 gi1 相关参数

参数名称	设定值	说　明
Name	Board10	设定数字量组输入信号的名字
Type of Signal	Group Input	设定信号的种类
Assigned to Device	Board10	设定信号所在的 I/O 模块
Device Mapping	1～4	设定信号所占用的地址

定义组输入信号时，基本步骤同定义数字量输入信号时相同，此处省略。设定结果如图 2.2-5 所示。

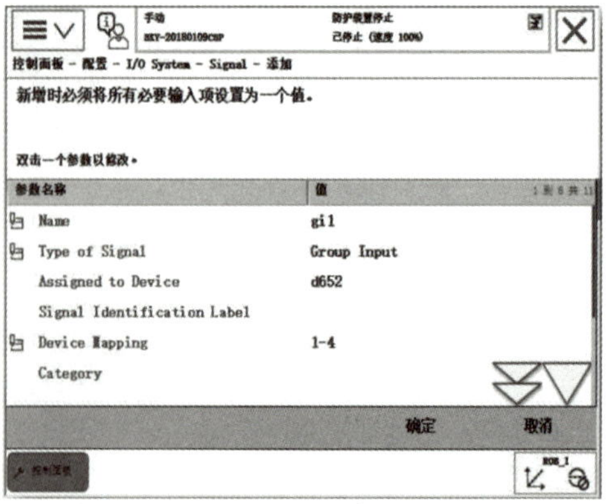

图 2.2-5 数字组输入信号 gi1 相关参数

（2）定义组输出信号 go1

定义组输出信号的方法与组输入信号的方法类似,这里不再赘述,仅列出组输出信号 go1 的参数,如表 2.2-11 所示。

表 2.2-11　组输出信号 go1 相关参数

参数名称	设定值	说　明
Name	go1	设置组输出信号的名字
Type of Signal	Group Output	设定信号的种类
Assigned to Device	d652	设定信号所在的 I/O 模块
Device Mapping	0～7	设定信号所占用的地址

四、I/O 信号查看与仿真

1. I/O 信号查看

I/O 信号查看操作如表 2.2-12 所示。

微课:信号查看与仿真
及可编程按键配置

表 2.2-12　I/O 信号查看

步　骤	操作内容:I/O 信号查看	图　示
1	进入 ABB 主菜单,选择"输入输出"	
2	打开右下角的"视图"菜单,选择"I/O 设备"	

续表

步　骤	操作内容:I/O 信号查看	图　示
3	在界面中选择需要查看与仿真的I/O板,如这里选择"d652"板,点击下方"信号"按钮	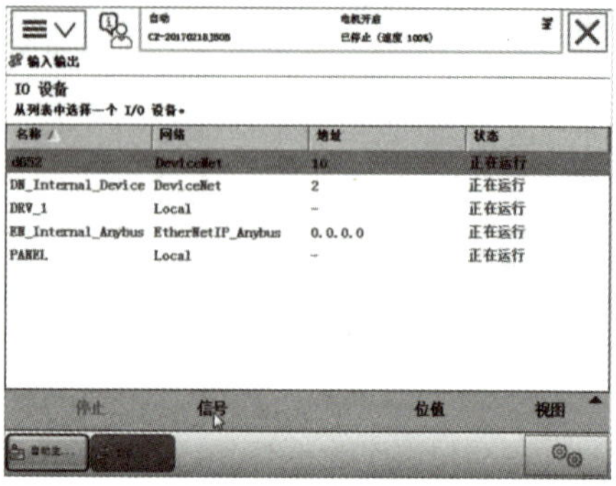
4	界面中显示出"d652"板所定义的信号,并可查看每个信号的当前值、类型及所属I/O板	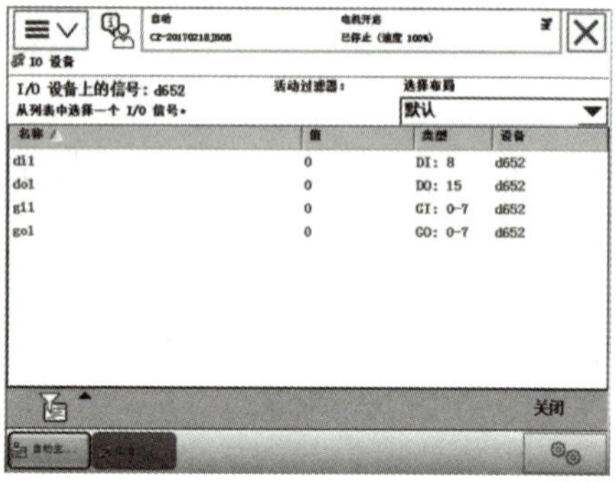

2.I/O 信号仿真

ABB工业机器人(以及其他工业机器人)的仿真功能是通过对建立好的I/O信号进行虚拟仿真来实现的。在仿真状态下,可以设定I/O信号的输出值为所需的设定值,但这些输出信号值并不会对外部真实设备产生实际影响。同样,输入信号也可以通过仿真进行模拟,而不是来自外部真实信号。

信号仿真主要在机器人系统编程阶段起作用,用于验证整个系统的功能是否正常工作。通过仿真,可以发现和解决系统中潜在的问题和错误,并确保系统在实际运行中能够按预期工作。

小贴士

仿真范围说明

不管是数字输入、模拟输入还是组输入信号都可以仿真,同样对于数字输出、模拟输出和组输出信号也都可以进行仿真。

I/O 信号仿真操作如表 2.2-13 所示。

表 2.2-13　I/O 信号仿真

步　骤	操作内容:I/O信号仿真	图　示
1	在查看到的信号界面,选中需要仿真的数字输入信号"di1",点击"仿真"按钮	
2	可通过点击"0"或"1",将 di1 的状态仿真强制置为0 或 1	
3	处于仿真状态的信号后面会有(Sim),需要结束仿真时,点击"消除仿真"即可取消仿真	

五、可编程按键配置

想一想

　　若要查看配置好的 I/O 信号,可以通过"输入输出"调出信号,但这种方式比较麻烦,思考一下:有没有更好的办法呢?

　　ABB 工业机器人示教器上面有 4 个未定义使用功能的电动按钮,称为四个辅助按键,按照图标可将其分为 1～4,如图 2.2-6 所示。在操作时可将常用的输出点与 4 个按键进行关联,从而对输出信号进行快速的置位与复位。

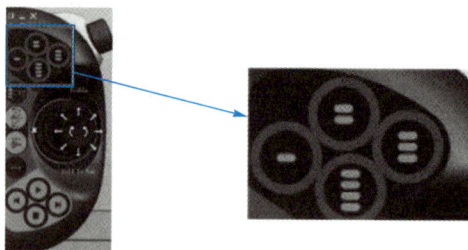

图 2.2-6 可编程按键

1.可编程按键功能模式

在对可编程按键进行输出信号设置时,可以选择 5 种不同形式的功能模式:切换、设为 1、设为 0、按下/松开、脉冲。

① 切换:使用该功能模式可以对当前选择的 I/O 信号进行快速取反操作,信号将在"0"和"1"之间切换。

② 设为 1:在此模式下,按下按键后对信号进行强制置 1 操作。

③ 设为 0:在此模式下,按下按键后对信号进行强制清零操作。

④ 按下/松开:在此模式下,当按下按键时,I/O 信号被置 1;当松开按键时,I/O 信号被清零。

⑤ 脉冲:每按下一次按键,I/O 信号发出一个脉冲。

用户在使用辅助按键的时候,需要先把某个辅助按键和某个数字输出信号进行关联设定,然后才可以使用。一般辅助按键常用来与机器人夹具电磁阀、吹气和外部其他设备进行定义关联,在调试程序时方便手动调试控制设备。

小贴士

可编程按键有效状态

辅助按键的关联信号一般设定只在手动状态有效,自动状态无效。

2.可编程按键关联操作

以 do1 为例,将其关联到快捷功能键 1 的操作步骤如表 2.2-14 所示。

表 2.2-14 可编程按键配置

步　骤	操作内容:可编程按键配置	图　示
1	点击左上角主菜单键,进入主菜单界面,点击"控制面板"	

续表

步　骤	操作内容：可编程按键配置	图　示
2	点击"配置可编程按键"	
3	在可编程按键配置界面中，可对 4 个按键分别进行配置	
4	选择"类型"为"输出"，在右侧的列表框会显示系统当前已配置的输出信号"do1"，点击选择该信号，选择"按下按键"为"切换"	
5	是否允许在自动运行模式时生效	

续表

步　骤	操作内容：可编程按键配置	图　示
6	完成所有配置，点击"确定"	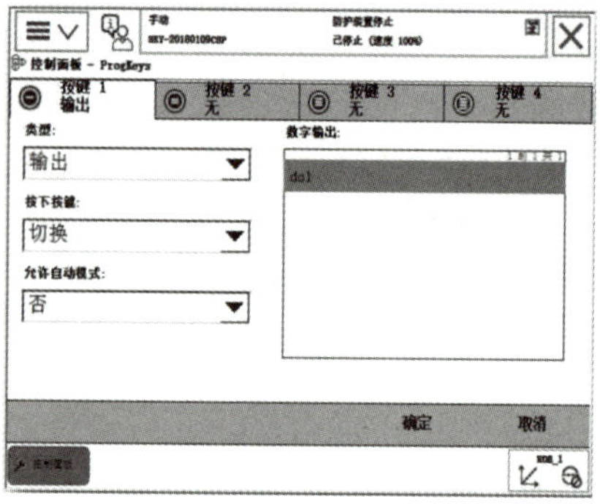

在可编程按键的配置过程中，除了输出信号可以配置外，输入信号和将指针移动到主程序也可以进行快捷配置，可以实现输入信号的快速状态切换和调试前快速将指针移到主程序的效果。

六、常用信号配置

把已经建立的 I/O 信号设定为常用信号，主要是方便我们在示教器输入输出中查看信号和对信号进行各种操作。机器人断电重启以后一般会在输入输出中显示常用的 I/O 信号，且在手动或自动状态下，无须人为干预，系统会默认显示常用的 I/O 信号。

常用信号配置操作如表 2.2-15 所示。

表 2.2-15　常用信号配置

步　骤	操作内容：常用信号配置	图　示
1	打开 ABB 菜单，点击"控制面板"	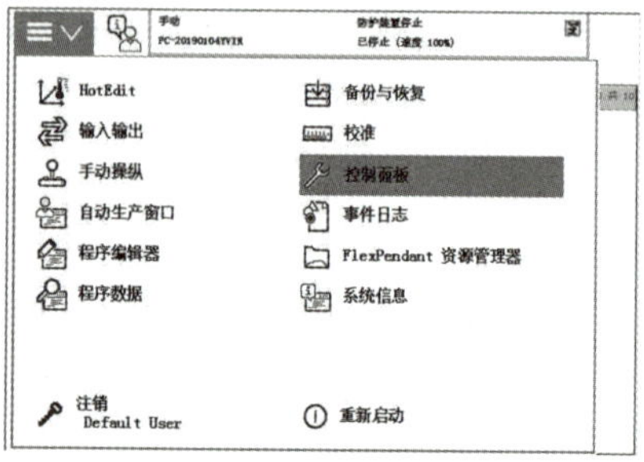
2	点击"配置常用 I/O 信号"	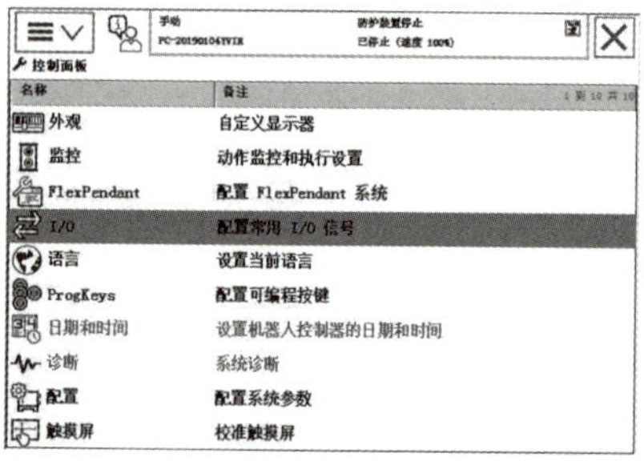

续表

步　骤	操作内容:常用信号配置	图　示
3	进行常用 I/O 信号的配置,并点击"应用"确认	
4	在"输入输出"中,默认查看常用信号	

小贴士

输入输出界面信号显示

设定常用信号后,进入"输入输出"界面,会看到默认设定的信号,如果开始没设定常用 I/O信号,则该界面不显示信号,直到点击右下角视图的查看方式后才会显示对应的信号选项。如图 2.2-7 所示。

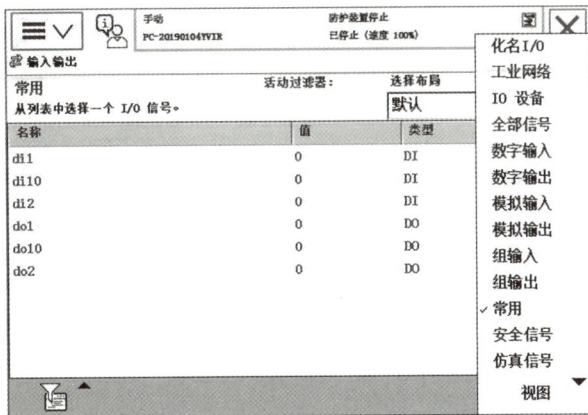

图 2.2-7　输入输出界面信号显示

七、系统 I/O 信号连接

将数字输入信号与系统的控制信号关联起来,就可以对系统进行控制,如电机开启和程序启动等;系统的状态信号也可以与数字输出信号关联起来,将系统的状态输出给外围设备使用,如系统的自动/手动状态输出用于信号指示灯指示当前的系统状态。

如表 2.2-16 所示,列举了部分系统输入信号名称的注解。详细的系统输入输出定义请查看ABB工业机器人随机光盘说明书。

表 2.2-16　部分系统名称注解

系统输入	说　明
Motors On	电机开启
Motors Off	电机停止
Start	程序开始运行
Start at Main	从主程序开始运行
Stop	程序停止运行
Stop at end of Cycle	一个循环结束后停止运行
System Restart	系统重启
Load	加载

下面以 di1 信号为例,使用输入信号 di1 与系统输入信号 Motors On 进行关联,当 di1 信号为"1"时,电机上电,操作步骤如表 2.2-17 所示。

表 2.2-17　系统信号关联

步　骤	操作内容:系统信号关联	图　示
1	在 ABB 菜单中选择控制面板,并点击选择"配置",配置系统参数	
2	本操作使用 di1 进行配置,因此在 I/O System 视图中选择"System Input",并点击"显示全部"按钮,进入系统输入配置界面	

续表

步　骤	操作内容:系统信号关联	图　示
3	在系统输入配置界面中,点击"添加"按钮,添加输入点与机器人动作的关联	
4	双击"Signal Name",然后在列表中选择 di1 信号,点击"确定"按钮返回	
5	双击"Action",在列表中选择"Motors On"输入信号,点击"确定"按钮返回	

续表

步　骤	操作内容:系统信号关联	图　示
5		
6	点击"确定",完成设定	

数字输出信号的关联步骤与数字输入信号基本相同,只不过输入是"Action",输出为"Status",如图 2.2-8 所示为输出信号 do1 与电机开启状态"Motors On"的关联。

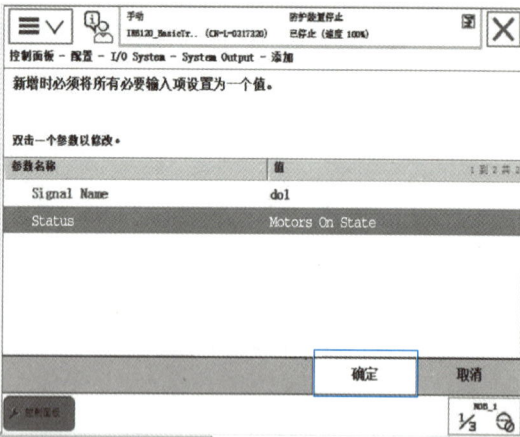

图 2.2-8　do1 与电机状态 Motors On 的关联

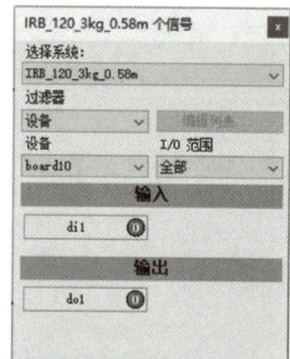

图 2.2-9　信号仿真窗口

信号设置完成后,可以观察一下仿真运行效果。用示教器将机器人切换为手动状态,点击 RobotStudio 软件仿真菜单下的仿真器按钮,弹出信号仿真窗口,如图 2.2-9 所示;将设备项选为 "board10",I/O 范围设为"全部",即可看到刚刚设置的信号,点击输入信号 di1 旁边的按钮,电机上电,然后该电机的状态可在 do1 信号中显示出来。

学习活动 3　事件例程 Event Routine

当工业机器人进入某一事件时触发一个或多个设定的例行程序,这样的程序称为事件例程(Event Routine)。例如,可以设定当机器人打开主电源开关时触发一个设定的例行程序,即当某个 ABB 工业机器人系统事件发生时,可以触发关联的一个普通例行程序。

微课:事件例程
Event Routine

一、Event Routine 基本要素

1.触发条件

事件例程的触发条件如表 2.3-1 所示。

表 2.3-1　Event Routine 触发条件

系统事件	说　明
PowerOn	打开主电源,机器人电机上电
Start	程序启动
Stop	程序停止
Restart	系统启动
Qstop	快速停止
Restart	重启系统
Reset	错误复位
Step	步进

2.例行程序要求

① Event Routine 中的 Routine 程序只可以是普通不带参数的例行程序。

② Event Routine 中的 Routine 程序不可以是中断程序。

③ Event Routine 中的 Routine 程序不可以是功能程序。

④ Event Routine 中的 Routine 程序不可以是带参数的例行程序。

3.使用注意事项

① 该程序可以被一个或多个任务触发,且任务之间无须互相等待,只要满足条件即可触发该程序。

② 如果关联到 Stop 的 Event Routine,将会在重新按下示教器的启动按钮或调用启动 I/O 时被停止。要想从系统 I/O 取消一则已停止的事件例程,最好的办法就是启动主例程的相关程序。

③ 当关联到 Stop 的 Event Routine 在执行中发生问题时,再次按下停止按钮,系统将在 10 s 后离开该 Event Routine。

④ 可针对一项或多项任务来启动事件例程。正常执行任务时不会等候其他任务中的事件例程,因此若有任务依赖于其他任务中的事件例程,应将这些任务进行同步,比如在正常执行任务前

使用 WaitSyncTask。

⑤ 事件例程中的 Stop 指令(不含可选自变量 All)或 Break 指令都将停止程序的执行过程,这意味着位于 Stop 指令或 Break 指令之后的指令将永远不会执行。

二、Event Routine 设定

Event Routine 设定的主要作用是配置机器人系统以响应和处理特定事件。通过进行 Event Routine 设定,可以实现启动、停止、暂停或调整机器人的运动,调用特定的例行程序,发送通知或警报等。

1.设定界面说明

Event Routine 设定的操作界面如图 2.3-1 所示。设定选项的参数介绍如表 2.3-2 所示。

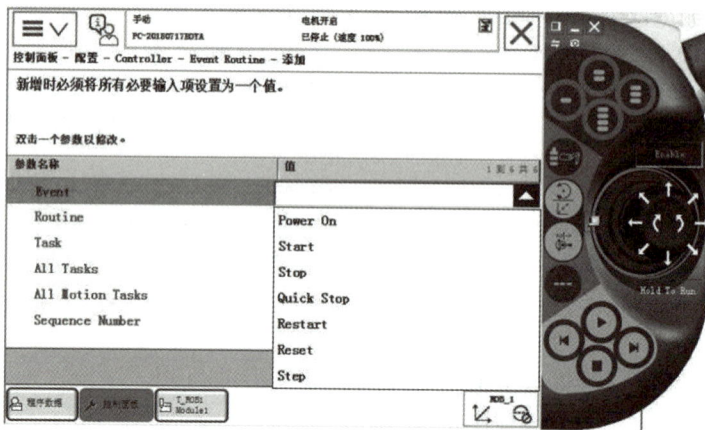

图 2.3-1 Event Routine 设定界面

表 2.3-2 Event Routine 界面参数说明

参数名称	参数说明
Event	机器人系统运行的系统事件,如启动停止等
Routine	需要关联的例行程序名称
Task	事件程序所在的任务
All Tasks	该事件程序是否在所有任务中执行,YES 或 NO
All Motion Tasks	该事件程序是否在所有单元的所有任务中执行,YES 或 NO
Sequence Number	程序执行的顺序号,0~100,0 * 先执行,默认值为 0

2.设定操作

在 ABB 工业机器人应用中,有时需要将一些程序设置为开机自动启动,本环节就以此为例,进行设定操作演示。

(1)例行程序

说明:系统事件为 PowerON,触发的例行程序如下:

```
PROC rPowerON1()
CONST pos posBOX2:=[991.635,146.938,1003.47];
CONST pos posBOX1:=[712.979,-269.706,684.876];
! posBOX1 :=CPos(\Tool:=Tregaskiss22deg\WObj:=wobj0);
! posBOX2 :=CPos(\Tool:=Tregaskiss22deg\WObj:=wobj0);
WZBoxDef\Inside, shapeBOX1, posBOX1, posBOX2;
WZDOSet\Temp, wztempBOX1\Before, shapeBOX1, do1, 1;
ENDPROC
```

(2)设定具体操作(表 2.3-3)

表 2.3-3　系统信号关联

步　骤	操作内容:系统信号关联	图　示
1	打开 ABB 菜单,按照"控制面板—配置—主题"路径依次点击,选择"Controller"	
2	找到类型"Event Routine",并显示全部	
3	添加一个事件,Event 设置为 Power On	

续表

步　骤	操作内容：系统信号关联	图　示
4	将 Routine 和 Tsak 设置好后，点确定保存	
5	提示重启，关机重启后生效画面如右侧所示	

课程总结

　　本学习任务主要围绕 ABB 工业机器人产品换型调整的相关知识进行讲解，内容包括气路调整、I/O 通信和事件例程等。通过学习，学生将深入了解工业机器人的气动系统、I/O 通信、事件例程等方面的知识，并掌握气路连接、I/O 信号配置、系统输入/输出信号连接、Event Routine 设定等操作技能，为将来从事工业机器人操作工这一岗位夯实基础。

课堂小测

一、单选题

1.工业机器人的气动系统中，以下（　　）是正确的。

A.气动系统的工作介质是电能　　　　　　B.气动系统的工作介质是水

C.气动系统的工作介质是压缩空气　　　　D.气动系统的工作介质是液压油

2.在工业机器人工作站中，节流阀的作用是（　　）。

A.调节气体的压力　　　　　　　　　　　B.调节气体的流量

C.调节执行元件的速度　　　　　　　　　D.调节执行元件的力

3.油雾器补油时，可将给油塞按下，将油倒入外壳内达到容积的（　　）即可。

A.100％　　　　　B.90％　　　　　C.80％　　　　　D.70％

4.在自动化生产线中,工业机器人可以通过配置 I/O 信号来实现(　　)。

A.自动控制和监控机器人系统的状态　　　　B.自动检测和调整生产线的运行速度

C.自动调节和优化生产线的布局　　　　　　D.自动定位和更换生产线上的零件

5.ABB 工业机器人仿真功能的主要作用是(　　)。

A.实现实际生产中的机器人操作　　　　　　B.实现机器人系统的实际通信

C.验证机器人系统的功能是否正常工作　　　D.实现机器人系统的实际定位

二、多选题

1.一个完整的气动系统由(　　)元件组成。

A.气源装置　　　　　B.控制元件　　　　　C.执行元件　　　　　D.辅助元件

2.ABB 的标准 I/O 板提供的常用信号处理包括(　　)。

A.数字输入 Di　　　　　　　　　　　　　B.数字输出 Do

C.模拟输入 Ai　　　　　　　　　　　　　D.模拟输出 Ao 和输送链跟踪

三、判断题

1.气动系统中使用的许多元件和装置都有滑动部分,通常采用油雾器,作为气动组件的润滑装置。　　　　　　　　　　　　　　　　　　　　　　　　　　　　　　　　(　　)

2.通过油雾器的空气流量太少时,因压差过小,油不会滴下来。故常以油雾器油开始滴下时的空液体流量作为最小滴下流量来决定其性能。　　　　　　　　　　　　　　　　(　　)

3.机器人断电重启以后一般会在输入输出中显示常用 I/O 信号,手动或自动状态下,无须人为干预,系统会默认显示常用的 I/O 信号。　　　　　　　　　　　　　　　　　　(　　)

4.数字量输入信号是用于接收外围设备在时间和数值上都是断续变化的离散信号。(　　)

四、填空题

1.当工业机器人进入某一事件时触发一个或多个设定的例行程序,这样的程序称为_____。

2._____代表_____,是指工业机器人与其他设备进行信息交流的接口。

3.数字量输出信号是用于输出至_____在时间和数值上都是断续变化的_____。

4.把已经建立的 I/O 信号设定为_____,主要是为了方便我们在示教器输入输出中查看信号和对信号进行各种操作。

学习任务 3
工业机器人工作站生产节拍调整

学习目标

1. 能概述生产节拍的计算公式；
2. 能进行计时指令与写屏指令的编辑操作；
3. 能说明程序数据的含义、常用存储类型和创建方式；
4. 能进行工业机器人有效载荷数据的测试操作；
5. 能解释 offs 函数和及 reltool 函数的作用与使用方法；
6. 能进行位置目标数据赋值和数组创建操作；
7. 能运用 Trigg IO、TriggL 和 Trigg Equip 指令编写机器人运动触发程序；
8. 能运用 Wait DI 和 Wait Until 指令；
9. 认识不同逻辑判断指令的作用及使用方法；
10. 能进行工业机器人运动中断、停止和恢复的程序编写。

建议课时:48 课时

学习要求

序　号	学习活动	学习内容	学　时	备　注
1	认识生产节拍	生产节拍的定义与计算	8	演示使用工业机器人型号为 ABB IRB 120
		生产节拍测试		
2	工业机器人的程序数据	RAPID 程序数据创建与管理	8	
		复杂程序数据赋值		

续表

序　号	学习活动	学习内容	学　时	备　注
3	工业机器人等待指令	工业机器人运动触发指令	16	演示使用工业机器人型号为 ABB IRB 120
		工业机器人条件等待指令		
4	工业机器人流程控制指令	逻辑判断指令	16	
		中断和停止指令		

学习活动 1　认识生产节拍

　　在工业机器人自动化生产线中,工业机器人生产加工的"节奏"或"速度",决定了产品在生产线上的流动速度和工序之间的协调。如果某个工序的生产节拍过快,可能会导致前后工序无法及时跟上,造成生产线阻塞;反之,如果生产节拍过慢,会导致生产线空闲时间增加,效率下降。

一、生产节拍的定义与计算

1. 生产节拍的定义

　　在工业机器人生产中,生产节拍代表着机器人完成特定任务的时间间隔或速率,它是衡量机器人生产效率和执行力的重要指标。工业机器人可以通过编程和设定生产节拍来控制其运行速度和所需时间,以应对不同的生产需要。

　　如图 3.1-1 所示为生产节拍示意图(①为位置点)。

微课:生产节拍定义与计算

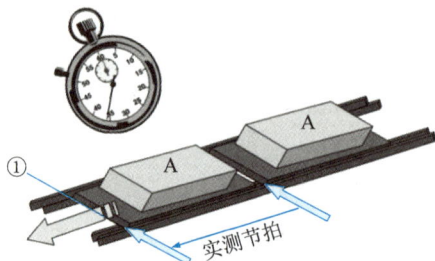

图 3.1-1　生产节拍

　　通过合理调整生产节拍,可以实现工业机器人生产线的平衡和高效运转。良好的生产节拍可以消除生产线的阻塞和积压,提高生产效率。因此,生产节拍的控制和平衡是工业机器人生产管理中的重要考虑因素之一。

　　生产节拍与生产周期的区别:

　　① 生产周期是指完成一项工作的循环时间,而生产节拍实际是一种目标时间,是随需求数量和需求期的有效工作时间变化而变化的,是人为制定的。

　　② 生产节拍反映的是需求对生产的调节,如果需求比较稳定,则所要求的节拍也是比较稳定的,当需求发生变化时节拍也会随之发生变化,如需求减少时节拍就会变长,反之则变短。生产周

期则是生产效率的指标,由一定时期的设备加工能力、劳动力配置情况、工艺方法等因素共同决定的,只能通过管理和技术改进才能缩短。

2.生产节拍的计算

生产节拍不是一个能够测量出来的数据,而是通过公式计算得来的数据,计算公式如下:

$$生产节拍 = T/Q$$

式中,T 表示加工时间,Q 表示生产数量。

例:某工业机器人被用于制造零件的加工任务,这个机器人需要完成上料、抓取、装配、包装 4 道工序,该 4 道工序的加工时间分别为 4 s、8 s、10 s、20 s,并且每次可一同完成 20 个零件的加工。

计算该工业机器人的生产节拍,根据生产节拍公式,可得:

上料生产节拍 = 4 s/20 个 = 0.2 s/件

抓取生产节拍 = 8 s/20 个 = 0.4 s/件

装配生产节拍 = 10 s/20 个 = 0.5 s/件

包装生产节拍 = 20 s/20 个 = 1 s/件

二、生产节拍测试

在进行工业机器人生产节拍调整时,经常需要利用计时功能来计算当前机器人的运行节拍,并通过写屏指令显示相关信息。

1.计时指令

计时指令用来计算程序运行的时间,共包含 4 个指令,如图 3.1-2 所示,各项指令具体说明如下:

① ClkReset,时钟复位;

② ClkStart,开始计时;

③ ClkStop,停止计时;

④ ClkRead,读取时钟当前数值。

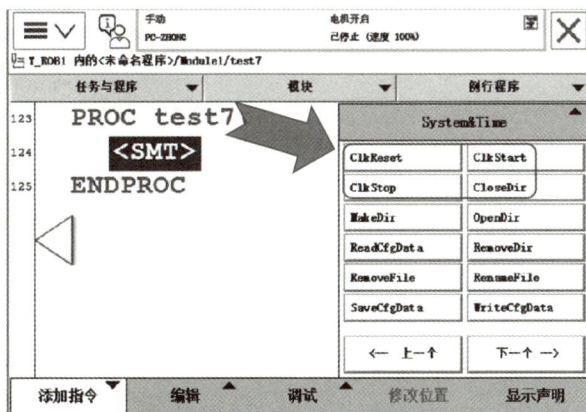

图 3.1-2　计时指令

(1)计时指令说明

① ClkReset:该指令功能是复位一个用来计时功能的时钟。该指令在使用时钟指令之前使用,确保它归零。范例说明如下:

ClkResetClock1;   //时钟 Clock1 被复位

② ClkStart:该指令功能是开始一个用于计时功能的时钟。范例如下:

ClkStartClock1;   //时钟 Clock1 开始计时

③ ClkStop:该指令功能是停止一个用于计时功能的时钟。范例如下:

ClkStopClock1;   //时钟 Clock1 停止计时

④ ClkRead:该指令功能是读取一个用于计时功能的时钟时长。范例如下:

ClkReadClock1;   //读取时钟 Clock1 计时时长

(2)计时指令编辑操作(表 3.1-1)

表 3.1-1　计时指令编辑

步　骤	操作内容:计时指令编辑	图　示
1	打开 ABB 示教器,点击程序数据	
2	在程序数据中依次新建 num 和 clock 两个变量	 （num 变量）

步　骤	操作内容:计时指令编辑	图　示
2		（clock 变量）
3	变量创建完成后,返回 ABB 菜单,点击"程序编辑器",点击"文件",新建一个例行程序	
4	点击"显示例行程序",进入编程页面	

续表

步　骤	操作内容:计时指令编辑	图　示
5	点击"添加指令",调出 System&Time 指令界面,点击 ClkReset,进行时钟复位,并将变量改为新建的 clock_test	
6	点击 ClkStart 开启时钟变量	
7	写两段机器人运行的程序 ＊参考表 3.1-1 实例说明	
8	点击 ClkStop 停止时钟	

续表

步　骤	操作内容:计时指令编辑	图　示
9	点击 clock-test,并将其复制到 time 变量中	
10	此时,time 变量中记录的是机器人运行的时间。添加 IF 指令,对 time 进行判断	
11	如果时间大于 3 s,让机器人停止运动	
12	至此,计时指令示例程序编写完成	

实例说明,如表 3.1-2 所示。

表 3.1-2　计时指令举例

程序	程序说明
VAR clock clock_test;	定义时钟变量 clock_test
VAR num time;	定义整数变量 num
ClkReset clock_test;	复位时钟变量 clock_test
ClkStart clock_test;	开启时钟变量 clock_test
MOVL p10,v1000,fine,tool1;	机器人直线方式到达 p10
MOVL p20,v1000,fine,tool1;	机器人直线方式到达 p20
ClkStop clock_test;	停止时钟变量 clock_test
time:=ClkRead(clock_test);	读取时钟变量 clock_test
IF time>3 then	条件判断
STOP;	机器人停止
ENDIF	条件判断结束

2. 写屏指令

写屏指令(TPWrite)用于在 FlexPendant 示教器上写入文本,可将特定数据的值同文本一样写入,界面如图 3.1-3 所示。

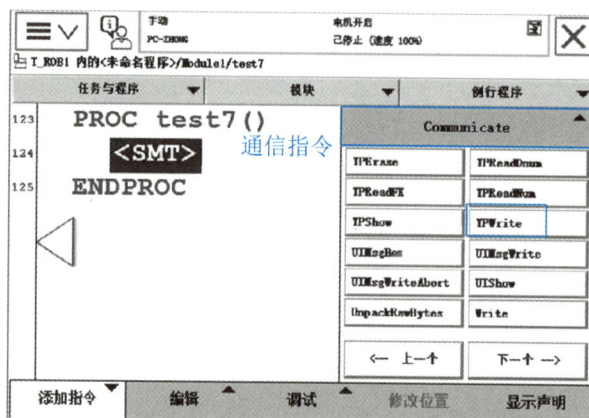

图 3.1-3　写屏指令

(1)写屏指令说明

① TPWrite 范例

例 1:

TPWrite"Execution started";

在 FlexPendant 示教器上写入文本 Execution started。

例 2:

TPWrite"No of produced parts="\Num:=reg1;

如果 reg1 保存值 5,则在 FlexPendant 示教器上写入文本 No of produced parts=5。

84

例 3：

VARtring　my_robot；

…

my_robot ：＝RobName（）；

IF　my_robot＝"" THEN

    TPWrite"This task does not control any TCP robot"；

ELSE

    TPWrite"This task controls TCP robot with name"＋my_robot；

ENDIF

将本程序任务控制的 TCP 机械臂的名称写入示教器。如果未控制任何 TCP 机械臂,则写入：本任务未控制机械臂。

② 指令变元(见表 3.1-3)

表 3.1-3　指令变元参数说明

编　号	可选参数	注　释
1	String	有待写入的文本字符串(每行 40 个字符,最多 80 个字符)
2	[\Num]	将在文本字符串后写入其数值的数据
3	[\Bool]	将在文本字符串后写入其逻辑值的数据
4	[\Pos]	将在文本字符串后写入其位置的数据 X,Y,Z
5	[\Orient]	将在文本字符串后写入其方位的数据 q1,q2,q3,q4
6	[\Dnum]	将在文本字符串后写入其数值的数据,为双字型

③ 程序执行

在 FlexPendant 示教器上写入的文本始终以新的一行开始。当显示器充满文本时(11 行),则该文本首先上升一行。

如果使用参数\Num\Dnum\Bool\Pos 或\Orient 之一,则在将其添加至第一个字符串之前,首先将其值转换为文本字符串。

从值到文本字符串的转换对照如表 3.1-4 所示。

表 3.1-4　值到文本字符串的转换对照表

变　元	值	文本串
\Num	23	"23"
\Num	1.141367	"1.14137"
\Bool	TRUE	"TRUE"
\Pos	[1817.3,905.17,879.11]	"[1817.3,905.17,879.11]"
\Orient	[0.96593,0,0.25882,0]	"[0.96593,0,0.25882,0]"
\Dnum	4294967295	"4294967295"

通过标准 RAPID 格式,将值转换为字符串。这意味着,原则上为 6 个有效位。如果小数部分小于 0.000005 或大于 0.999995,则将该数字四舍五入为整数。

写屏指令限制

参数 \Num \Dnum \Bool \Pos 和 \Orient 互相排斥,因此,不可同时用于同一指令。

(2)写屏指令编辑操作(表 3.1-5)

表 3.1-5　写屏指令编辑

步　骤	操作内容:写屏指令编辑	图　示
1	进入编程页面,点击"添加指令",调出 Communicate 指令界面。点击"TPWrtie"指令,此时可在双引号内输入字符	
2	点击"编辑",选"ABC",写入要显示的字符。如"hi Abb!"	

续表

步 骤	操作内容:写屏指令编辑	图 示
3	点击编辑,添加"可选变元—Num"数值后,屏幕会显示当前变量的数值,可以用来显示生产的个数、完成工作的时间等	数值显示出来
4	添加"可选变元—Bool",会在屏幕上显示布尔量的状态	布尔量状态显示
5	字符也可以在程序数据里预先创建。找到 string 文件夹	字符串文件夹
6	创建一个字符程序数据,点击数据写入要显示的字符。如写入字符"the first error!",字符在 ABB 工业机器人里可以通过双引号形式出现,也可以存在字符的程序数据里	默认是空的

续表

步　骤	操作内容:写屏指令编辑	图　示
6		 写入的内容
7	在指令内就可以直接调用创建好的字符程序数据	 直接调用

延伸阅读:TPErase——清屏指令

TPErase 指令可擦除在示教器上写入的文本,在同一指令集,它和写屏类指令配合使用,在写屏前进行清屏操作,如图 3.1-4 所示。

程序编写范例如下:

TPErase;

TPWrite"Execution started";

写入 Execution started 前,清除 FlexPendant 示教器显示。

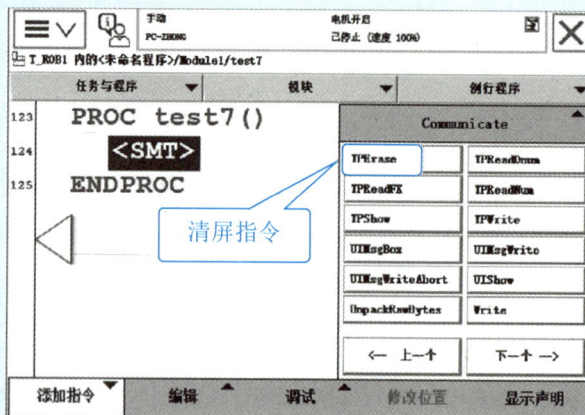

图 3.1-4　清屏指令

学习活动 2　工业机器人的程序数据

工业机器人控制程序是由"指令＋程序数据"构成的,要编写工业机器人逻辑控制程序,必须先掌握各类程序数据的用途及定义方法。

一、RAPID 程序数据创建与管理

微课:RAPID 程序的
架构及说明

1.程序数据介绍

(1)认识程序数据

程序数据是指程序模块或系统模块中的设定值和定义的一些环境数据。创建的程序数据由同一个模块或其他模块中的指令进行引用。

如图 3.2-1 所示,线框内是一条常用的机器人关节运动的指令(MoveJ),此指令调用了 4 个程序数据。

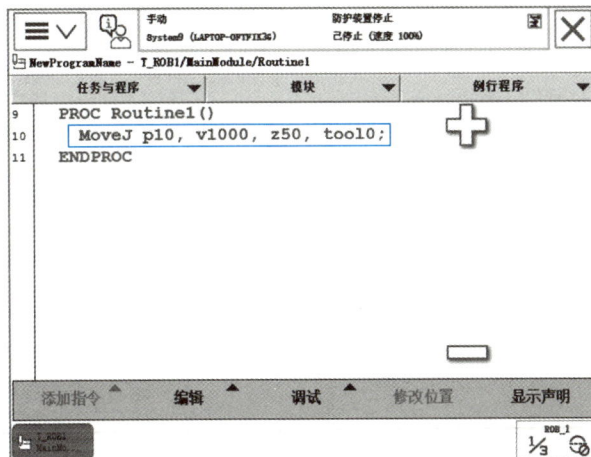

图 3.2-1　程序数据示例

图 3.2-1 中所使用的程序数据详见表 3.2-1。

表 3.2-1　程序数据说明

程序数据	数据类型	说　　明
p10	robtarget	机器人运动目标位置数据
v1000	speeddata	机器人运动速度数据
z50	zonedata	机器人运动转弯数据
tool0	tooldata	机器人工具数据 TCP

(2)创建程序数据

程序数据的建立一般可以分为两种形式:一种是直接在示教器的程序数据界面中建立程序数据;另一种是在建立程序指令时,同时自动生成对应的程序数据。

下面以直接在示教器中的程序数据界面中建立布尔数据（bool）为例，说明程序数据的建立方法（表 3.2-2）。

表 3.2-2　创建程序数据

步　骤	操作内容：创建程序数据示例	图　示
1	在 ABB 菜单中，选择"程序数据"	
2	选择数据类型"bool"，点击"显示数据"	
3	点击"新建"	
4	修改名称及相关参数，点击"确定"完成设置	

2.程序数据类型与分类

(1)程序数据的类型分类

ABB 工业机器人的程序数据共有 98 种,可以根据实际情况进行程序数据的创建,为 ABB 工业机器人程序设计提供良好的数据支撑。在示教器中的"程序数据"窗口,可以查看和创建所需要的程序数据,如图 3.2-2 所示。

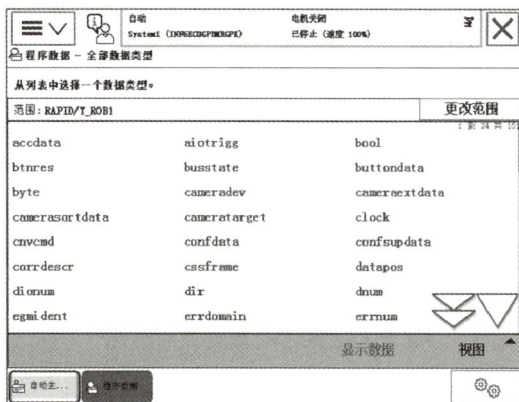

图 3.2-2　程序数据窗口

(2)程序数据的存储类型

程序数据的存储类型有变量(VAR)、可变量(PERS)和常量(CONST)三类。

① 变量 VAR:变量型数据在程序执行的过程中和停止时,会保持当前的值。一旦程序指针被移到主程序后,当前数值会丢失。

举例说明:

VAR bool finished:FALSE;名称为 finished 的布尔量数据

VAR num length:=0;名称为 length 的数字数据

VAR string name:="John";名称为 name 的字符数据

(注:num 表示存储的内容为数字。)

在程序编辑窗口中定义变量,如图 3.2-3 所示。

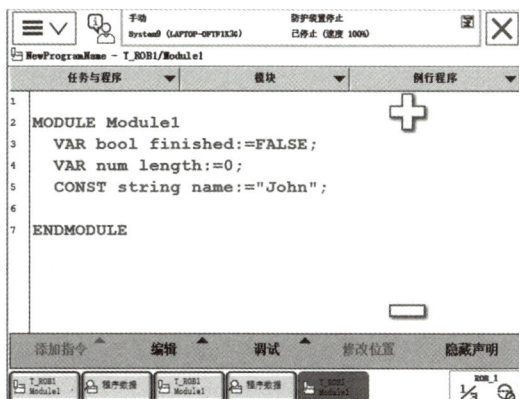

图 3.2-3　定义变量

在定义数据时,可以定义变量的初始值,在机器人执行的 RAPID 程序中也可以对变量存储类型的程序数据进行赋值操作,如图 3.2-4 所示。

图 3.2-4　对程序数据进行赋值

注:在 RAPID 程序中执行变量型程序数据的赋值,在指针复位后将其恢复为初始值。

② 可变量 PERS:可变量的最大特点就是无论程序怎样执行,都将保持最后被赋予的值,这也是它与变量的最大区别。

举例说明:

PERS num nbr:=0;名称为 nbr 的数字数据

PERS string text:="Hello";名称为 text 的字符数据。

在程序编辑窗口定义可变量,如图 3.2-5 所示。

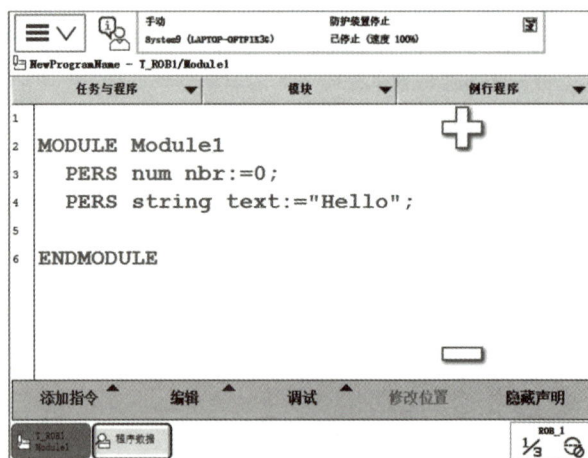

图 3.2-5　定义可变量

在机器人执行的 RAPID 程序中,也可以对可变量存储类型程序数据进行赋值的操作,如图 3.2-6 所示。注:在程序执行后,对可变量型程序数据赋值的结果会一直保持,直到对其重新赋值,如图 3.2-7 所示。

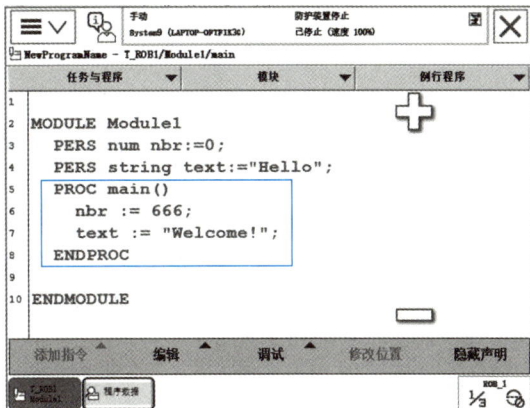

图 3.2-6　可变量数据进行赋值操作

图 3.2-7　数据赋值结果保持

③ 常量 CONST：常量的特点是在定义时已赋予了数值，并不能在程序中进行修改，只能手动修改。举例说明：

CONST num gravity：＝0；名称为 gravity 的数字数据

CONST string greating：＝"Hello"；名称为 greating 的字符数据

在程序编辑窗口中定义常量，如图 3.2-8 所示。

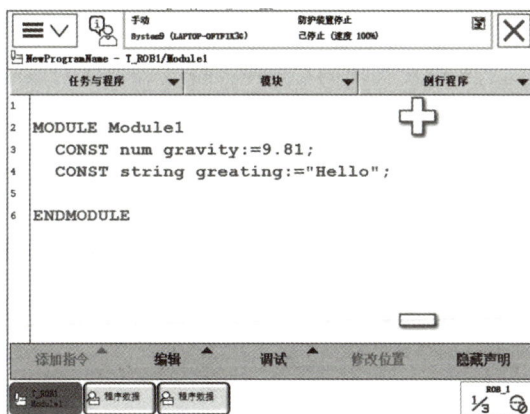

图 3.2-8　定义常量

说明：存储类型为常量的程序数据，不能在程序中进行赋值操作。

(3)常用的程序数据

根据不同的要求，需定义不同的程序数据。表 3.2-3 所示是 ABB 工业机器人系统常用的程序数据。

表 3.2-3　工业机器人系统常用的程序数据

程序数据	说　明	程序数据	说　明
bool	布尔量	byte	整数数据 0～255
clock	计时数据	dionum	数字输入/输出信号
extjoint	外轴位置数据	intnum	中断标识符

93

续表

程序数据	说　明	程序数据	说　明
jointtarget	关节位置数据	loaddata	负荷数据
mecunit	机械装置数据	num	数值数据
orient	姿态数据	pos	位置数据(X、Y 和 Z)
pose	坐标转换	robjoint	机器人轴角度数据
robtarget	机器人与外轴的位置数据	speeddata	机器人与外轴的速度数据
string	字符串	tooldata	工具数据
trapdata	中断数据	wobjdata	工件数据
zonedata	TCP 转弯半径数据		

3.有效载荷数据测试

(1)认识有效载荷

有效载荷是指工业机器人在工作时能够承受的最大载重,包括工业机器人本体负载和工具负载。为了避免机器人在运行时出现传动装置、轴承等过载现象,必须设定正确的载荷数据(质量、重心位置、惯性矩)。对于不规则的复杂工具及工件,无法手动测量,则可用 LoadIdentify 进行自动测量。

LoadIdentify 是 ABB 工业机器人系统的服务例行程序,用于自动识别安装于工业机器人上的载荷数据。

(2)有效载荷测试操作

在进行测试前,须完成以下准备工作:

① 把机器人回到机械原点或者合适安全位置;

② 在示教器手动操纵页面选择需要测量的工具或搬运工件;

③ 确保周边环境安全(无非相关工作人员等)。

准备完成,执行有效载荷测试,具体操作如表 3.2-4 所示。

表 3.2-4　有效载荷数据测试

步　骤	操作内容:有效载荷数据测试	图　示
1	打开 ABB 菜单,打开"程序编辑器",新建 main 程序,手动方式下"PP 移至 Main"	

步骤	操作内容:有效载荷数据测试	图示
2	点击"调用例行程序"	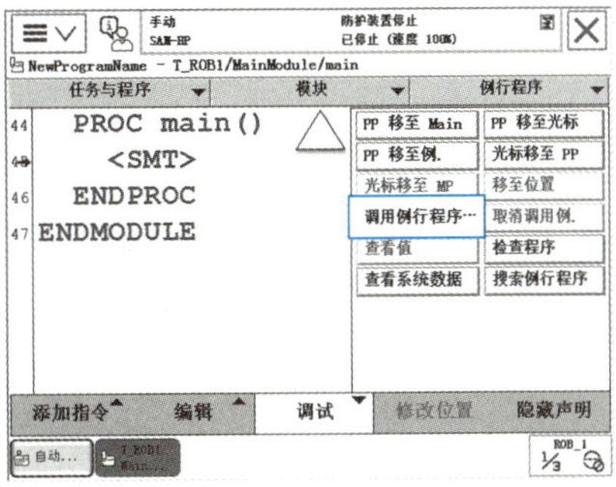
3	选中 LoadIdentify,点击"转到",然后点击示教器上的"启动"按钮	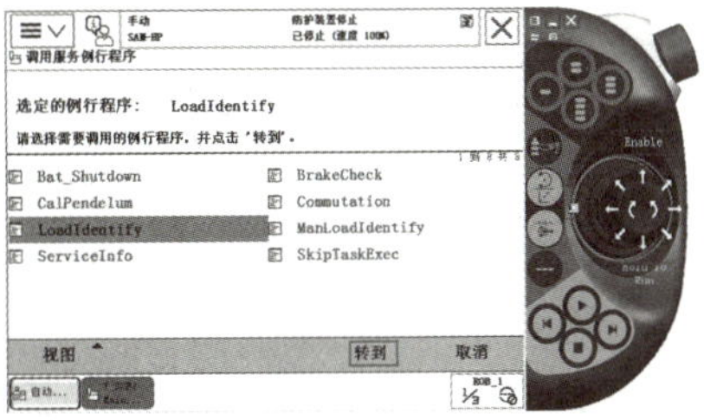
4	提醒注意事项:当前路径被清除,程序指针会丢失,完成后将指针移动至 Main;确认完成后点击"OK"	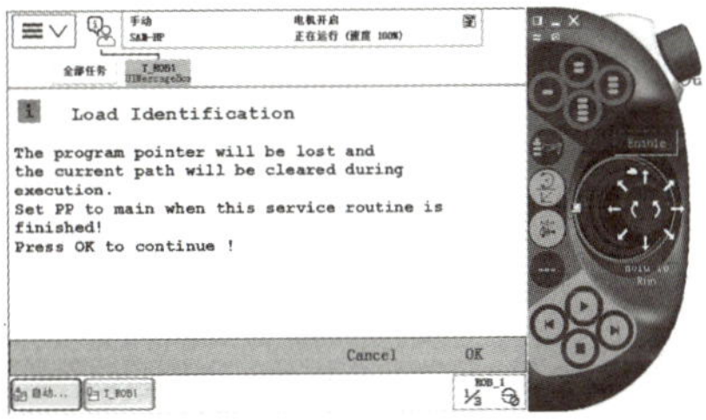
5	选择测定的对象,Tool 为工具数据,PayLoad 为有效载荷数据,假设测定工具,则应选择"Tool"	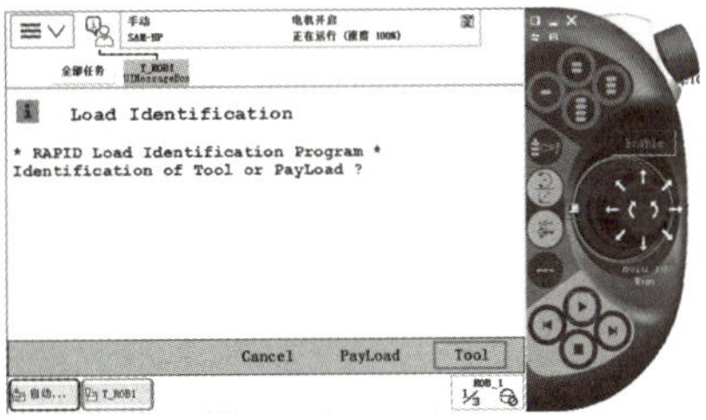
6	提醒注意事项:工具已安装到机器人上,并且已在手动操作界面中选中。该工具数据上臂载荷已经设置各关节轴在合适的位置,确认完成后点击"OK"	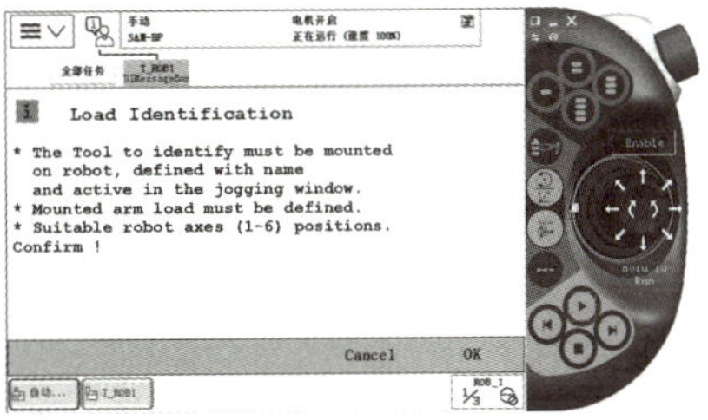

续表

步 骤	操作内容:有效载荷数据测试	图 示
7	询问当前是否测定工具 tool1,即当前手动操作界面中选中的工具数据名称,当前任务中使用的工具名称为 tool1,确认完成后点击"OK",否则点击"Retry"	
8	询问是否已知工具的重量:1 表示已知,2 表示未知,3 表示取消。 ① 若已知工具重量,则在测定之前需要将工具重量人为输入工具数据中的 mass 一栏,测定过程中参考此重量信息进行测定;② 若未知则选择 2,机器人自行测定重量信息。 此演示中假设未知工具重量信息,则输入"2",点击"确定"	
9	选择关节轴 6 允许的运动范围: 建议选择＋90°或－90°,若因为当前安装工具的因素使得当前六轴难以实现 90°的运动范围,则可以选择"Other",运动范围不能小于 30°	
10	询问是否需要自动测试前在手动模式下进行慢速测试,如果是初次测试不太确定机器人运动形态,建议先手动慢速测试一遍,然后再执行自动测试;后续若发现机器人运动形态是安全的,则测试时可跳过手动慢速测试直接执行自动测试,此处先点"Yes",执行手动慢速测试	

续表

步　骤	操作内容:有效载荷数据测试	图　示
11	点击"MOVE",则机器人开始执行慢速测试,此时机器人会测试各个关节能否运动至测试位置,整个过程中只能上电不能中断,否则需要重来一遍;机器人开始执行测试运动,屏幕上会显示运动步骤,慢速测试不会测出结果,步骤也较少	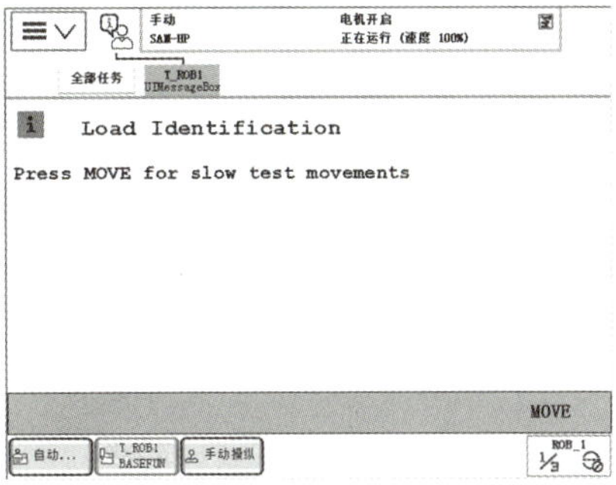
12	手动慢速测试完成后,提示切换到自动或手动全速模式,建议切换到自动模式,之后电机上电,再点击一下程序启动按钮	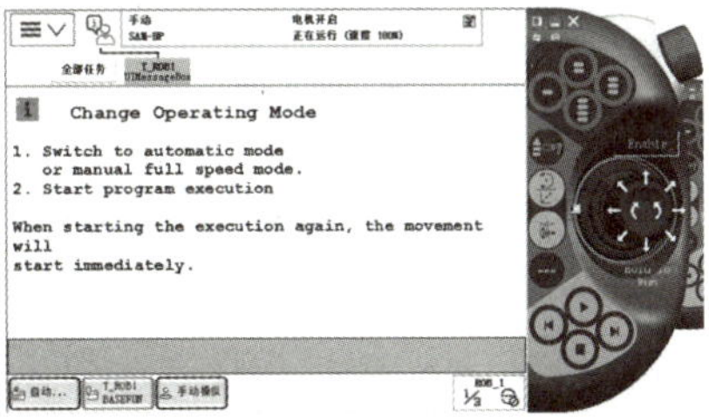
13	机器人开始执行自动测试,此过程会比较长,一般需要 20 步左右,运动过程中注意观察机器人运动,遇到紧急情况请及时停止运行	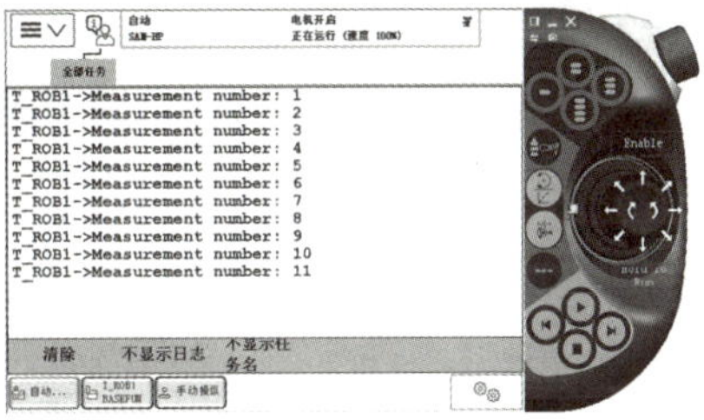
14	测试完成后,提示切换回至手动模式,切换到手动后使能上电,再次点击示教器"启动"按钮,然后点击右下角的"OK"	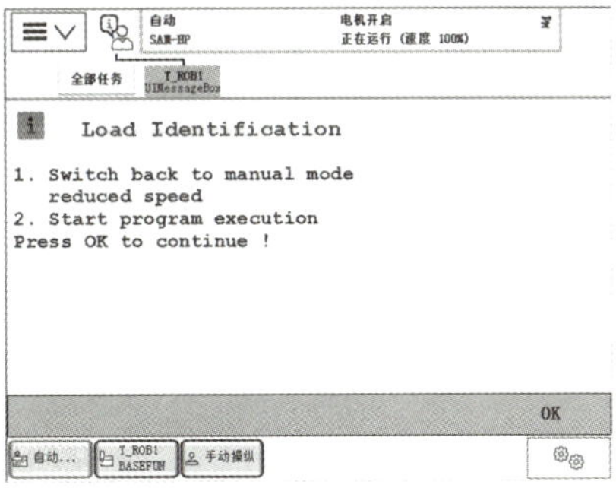
15	虚拟测试会出现如图提示	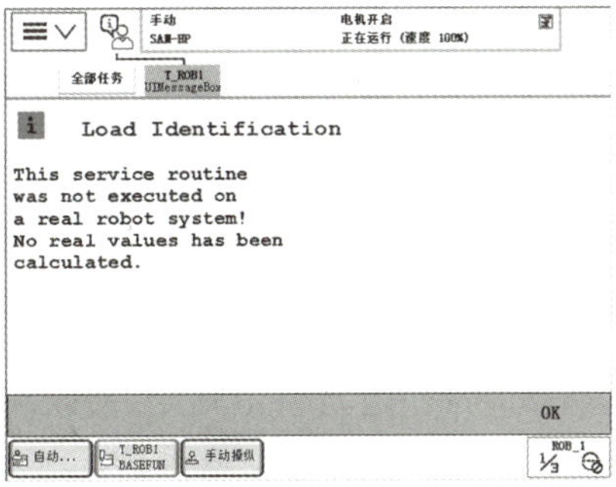

续表

步　骤	操作内容:有效载荷数据测试	图　示
16	自动测试出的部分载荷结果会显示在屏幕上,如果需要应用到对应测试的工具数据 tool1 里,点击"Yes",建议新载荷多测试几遍,确保测试结果接近真实值	

二、复杂程序数据赋值

1. Offs 和 RelTool 偏移功能函数

在工业机器人搬运、码垛、焊接等应用中,经常用到位置的偏移。在编程时,使用偏移函数,可实现以目标点为参考点的其他位置点的偏移运算,减少运行目标点的示教,提高编程效率。

微课:复杂程序数据赋值

在 ABB 工业机器人中,对 robtarget(目标位置)类型点位进行偏移时,偏移指令有 Offs 和 RelTool 两个:Offs,对机器人位置进行偏移;RelTool,对工具的位置和姿态进行偏移。

(1)Offs 函数

Offs 函数可实现基于工件坐标下的 YXZ 平移,在程序编辑器运动指令"更改选择"界面中,选中位置数据后点击"功能"栏可选择"Offs"函数。如图 3.2-9 所示。

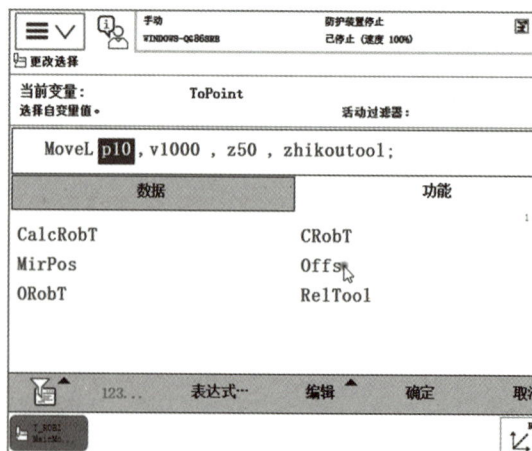

图 3.2-9　选择 Offs 功能

Offs 参数选择界面中,4 个占位符依次对应"偏移参考点""X 方向偏移值""Y 方向偏移值""Z 方向偏移值",如图 3.2-10 所示,表示相对于参考点 p10 的位置,在 p10 点的 X 方向偏移 100 mm,Y 方向偏移 0 mm,Z 方向偏移 0 mm。

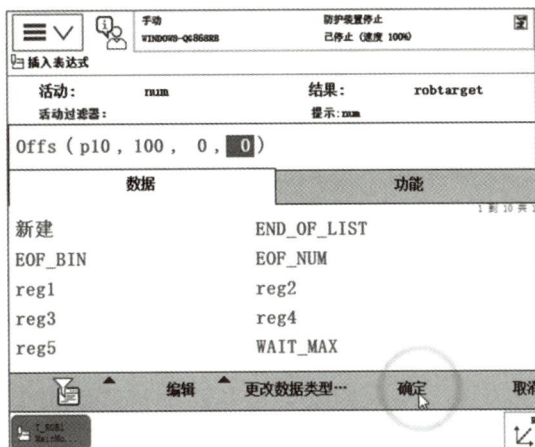

图 3.2-10　Offs 函数参数

例：工业机器人沿长方形运行一周的轨迹如图 3.2-11
所示。一般可以示教 p1、p2、p3、p4 四个点，编写程序为：

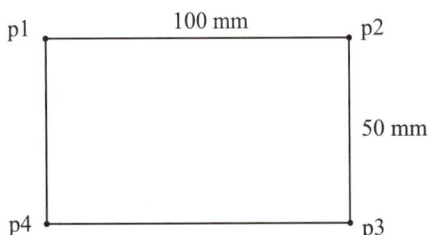

图 3.2-11　长方形运行轨迹

MoveL p2,v100,fine,tool0;
MoveL p3,v100,fine,tool0;
MoveL p4,v100,fine,tool0;
MoveL p1,v100,fine,tool0;

采用 Offs 函数的偏移功能，便可只示教 p1 点，其他的点由 Offs 函数计算所得。这样能提高
编程效率，优化程序如下：

MoveL p1,v100,fine,tool0;
MoveL Offs(p1,100,0,0),v100,fine,tool0;
MoveL Offs(p1,100,−50,0),v100,fine,tool0;
MoveL Offs(p1,0,−50,0),v100,fine,tool0;
MoveL p1,v100,fine,tool0;

（2）RelTool 函数

RelTool 函数可实现以选定目标点为基准，沿着选定工具坐标系的 X、Y、Z 轴方向偏移一定
的距离。示教基准点时，一般将工具 Z 方向设置为当前加工面的法线方向，则当前工具坐标系
XY 构成的面与当前加工面平行，则可以直接参考工具坐标系的 XY 方向进行偏移。

例：将机器人 TCP 移动到 p10 为基准点，沿着 tool0 的 Z 轴正方向偏移 20 mm。还可以添加
可变量，比如旋转角度。编程如下：

Movel RelTool(p10,0,0,20),v1000,z50,tool0;

2. 位置目标数据赋值

"：="赋值指令用于对程序数据进行赋值，即分配一个数值。赋值可以是一个常量，也可以是
一个数学表达式。

常量赋值：reg1：=5；
数学表达式赋值：reg2：=reg1+4。

赋值指令范例,如图 3.2-12 所示。

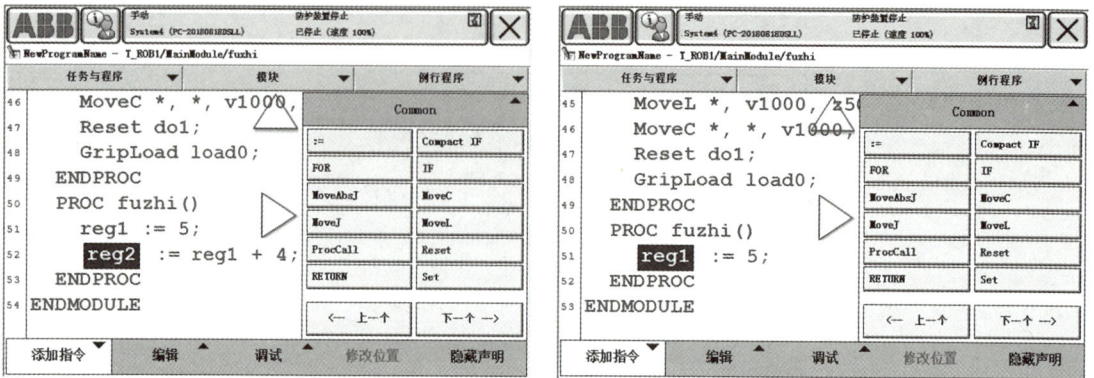

图 3.2-12　赋值指令运用示例

赋值指令可以对 ABB 工业机器人目标位置数据进行赋值,具体操作如表 3.2-5 所示。

表 3.2-5　目标位置数据赋值

步　骤	操作内容:目标位置数据赋值	图　示
1	打开 ABB 菜单,点击"程序数据",选择 robtarget/目标位置数据	
2	点击"新建"	
3	将名称改为"Plizi",选择变量,点击"确定"	

续表

步　骤	操作内容:目标位置数据赋值	图　示
4	返回 ABB 菜单,进入"程序编辑器"界面。显示刚刚新建的例行程序	
5	添加指令,选择赋值,更改数据类型为机器人目标位置数据	
6	选择"Plizi"数据。 此时可将某一点的数据赋值 plizi 数据	
7	也可以通过功能指令,如将某一点的 Offs/偏移量赋值 Plizi	

续表

步　骤	操作内容:目标位置数据赋值	图　示
7		
8	赋值完成	

3.数组创建

所谓数组,是有序的元素序列,是用于储存多个相同类型数据的集合。

若将有限个类型相同的变量集合进行命名,这个名称即为数组名。组成数组的各个变量称为数组的分量,也称为数组的元素,有时也称为下标变量。用于区分数组的各个元素的数字编号称为下标。数组是在程序设计中,为了处理方便,把具有相同类型的若干元素按无序的形式组织起来的一种形式。这些无序排列的同类数据元素的集合称为数组。

数组是一种特殊类型的变量,普通的变量包含一个数据值,而数组可以包含多个数据值。数组可以被描述为一维或多维表格,在工业机器人编程或操作工业机器人系统时,使用的数据都存储在此表格中。

(1)数组的分类

在 ABB 工业机器人中,RAPID 程序可以定义一维、二维以及三维数组。

① 一维数组。如图 3.2-13 所示,以一维数组 a 为例,其有 3 列,分别是 5、7、9,此数组和数组内容可表示为 Array{a}。

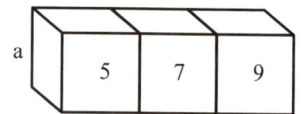

图 3.2-13　一维数组示意图

程序举例:

VAR num Array1{3}:=[5,7,9];

reg2:=Array1/3:

则 reg2 输出的结果为 9。

数组的三个维度与线、面、体的关系类似,一维数组就像在一条线上排列的元素,上例中一维数组 Array1 的三个元素排列分别为 5、7、9,当数值寄存器 reg2 的值为数组 Array1 的第三位时,即三个元素中的第三位 9。

② 二维数组。如图 3.2-14 所示,以二维数组 a、b 为例,a 维上有 3 行,b 维上有 4 列,此数组和数组内容可以表示为 Array2{a,b}。

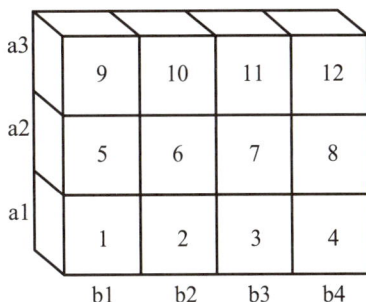

图 3.2-14　二维数组示意图

程序举例:

VAR num Array2{3,4}:=[[1,2,3,4],[5,6,7,8],[9,10,11,12]];

reg2:=Array2{3,3};

则 reg2 输出的结果为 11。

二维数组类似于行列交错的面,每一个交点都存储一个值,等式中数值寄存器 reg2 的值为数组 Array2 的第 3 行、第 3 列,可等效为{a3,b3},即为 11。

③ 三维数组。如图 3.2-15 所示,以三维数组 a、b、c 为例,a 维上有 2 行,b 维上有 2 列,c 维上有 2 列,此数组和数组内容可以表示为 Array3{a,b,c}。

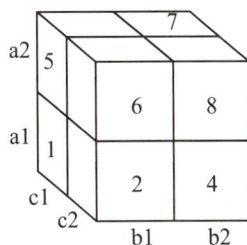

图 3.2-15　三维数组示意图

程序举例:

VAR num Array3{2,2,2}:=[[[1,2],[3,4],[5,6],[7,8]]];

reg2:=Array3{2,1,2};

则 reg2 输出的结果为 6。

三维数组是在二维数组的基础上多了一维,类似于面到体的变化,等式中数值寄存器 reg2 的值等于三维数组 Array3 的第二行第一列第二层,可等效为{a2,b1,c2},即为 6。

(2)数组创建流程

在 ABB 工业机器人中,RAPID 程序可以定义一维、二维以及三维数组。为便于学习,接下来以二维数据为例,演示数组创建流程,具体操作如表 3.2-6 所示。

表 3.2-6　二维数组创建流程

步　骤	操作内容:二维数组创建	图　　示
1	打开 ABB 菜单,进入"程序数据"。选取创建的数据类型,本次演示选择"num"	

步 骤	操作内容:二维数组创建	图 示
2	创建数组。 注:不要用变量的存储方式,否则指针移走会变为默认值	
3	在"第一:""第二:"中设置数据。数组设置好后,点击"确定"	
4	创建好数组后,但还是没有存数值在里面,只显示默认值为 0。双击创建好的二维数组,进行每一组数据的设置	
5	看到当前二维数组,{1,1}表示第一组的第一个数据,{2,3}表示第二组的第三个数据	

续表

步　骤	操作内容:二维数组创建	图　示
6	点击每一个值并设置好自定义的值。至此,数组创建完成	

小贴士

数组提取

若要将创建好的数组提取出来使用,可通过索引的方式调取,如图 3.2-16 所示。

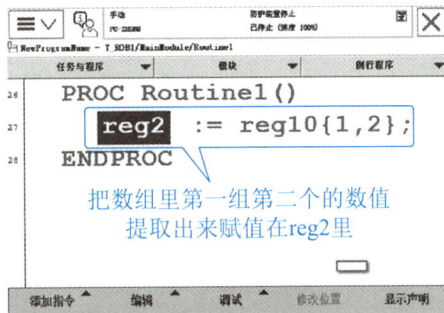

图 3.2-16　数组提取示例

学习活动 3　工业机器人等待指令

运动触发和条件等待指令是 ABB 工业机器人中非常重要的控制指令,它们可以帮助机器人在处理任务时更加精确、高效和智能化。通过灵活使用运动触发和条件等待指令,可以有效提高工业生产的自动化水平和生产效率。

一、工业机器人运动触发指令

运动触发程序数据类型 Triggdata,用于储存有关工业机器人机械臂移动期间定位事件的数据。一起定位事件的具体形式既可以设置一个输出信号,也可以在机器人移动路径上的某特定位置处运行一则中断例程,Triggdata 是一种非数值的数据类型。

微课:机器人运动触发指令

示例：

> VARtriggdata gunoff；
>
> TriggIO gunoff，0，5\DOp：=gun，0；
>
> TriggL p1，v500，gun off，fine，gun1；

当 TCP 位于点 p1 之前 0，5 mm 时，将数字信号输出信号 gun 设置为值 0。

在 Triggdata 数据类型中，包含多个运动触发指令，如 TriggL、TriggJ、TriggC、TriggIO、TriggEquip、TriggInt 等，最常用的是以下三项：

1.运动触发信号——Trigg IO

Trigg IO 用于定义有关设置机械臂移动路径沿线固定位置处的数字、数字组或模拟信号输出信号的条件和行动。如果停止点附近的 I/O 设置需要较高精度，则应始终使用 Trigg IO（而非 Trigg Equip）。本指令仅可用于主 T_ROB1 任务，或者如果在 Multi Move 系统中，则可用于运动任务中。

例1：

> VARtriggdata gunon；
>
> …
>
> TriggIO gunon，0.2\Time\DOp：=gun，1；
>
> TriggL p1，v500，gunon，fine，gun1；

执行说明：当 TCP 位于点 p1 前 0，2 s 时，将数字信号输出信号 gun 设置为值 1。如图 3.3-1 所示显示了固定位置 I/O 事件的实例。

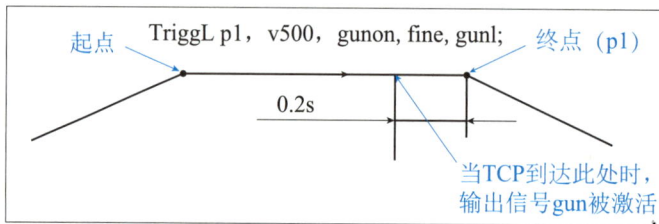

图 3.3-1　TriggIO 实例

例2：

> VARtriggdata glueflow；
>
> TriggIO glueflow，1\Start\AOp：=glue，5.3；
>
> MoveJ p1，v1000，z50，tool1；
>
> TriggL p2，v500，glueflow，z50，tool1；

执行说明：当工作点（TCP）通过位于起点 p1 后 1 mm 处的点时，将模拟信号输出信号 glue 设置为值 5.3。

2.运动位置触发——TriggL

当机械臂正在进行线性移动时，TriggL（TriggLinear）用于设置输出信号和/或在固定位置运行中断程序。使用指令 TriggIO、TriggEquip、TriggInt、TriggSpeed、TriggCheckIO 或

TriggRampAO,可定义一个或多个(最多 8 个)事件。此后,指令 TriggL 参考此类定义。本指令仅可用于主任务 T_ROB1,或者如果在 MultiMove 系统中,则可用于运动任务中。

例:

```
VARtriggdata gunon;
TriggIO gunon,0\Start\DOp:＝gun,1;
MoveJ p1,v500,z50,gun1;
TriggL p2,v500,gunon,fine,gun1;
```

执行说明:当机械臂的 TCP 通过点 p1 角路径中点时,设置数字信号输出信号 gun。如图 3.3-2 所示,显示了固定位置 I/O 事件的实例。

图 3.3-2　TriggL 实例

3. 触发装置动作——Trigg Equip

Trigg Equip(Trigg Equipment)用于定义有关设置机械臂移动路径沿线固定位置处的数字、数字组或模拟信号输出信号的条件和行动以及对外部设备中的滞后进行时间补偿的可能性。如果停止点附近的 I/O 设置需要较高的精度,则应当始终使用 Trigg IO(而非 Trigg Equip)。使用确定的数据,以供在后续 TriggL、TriggC 或 TriggJ 指令之一或多个中实施。本指令仅可用于主任务 T_ROB1,或者如果在 Multi Move 系统中,则可用于运动任务中。

例 1:

```
VARtriggdata gunon;
...
Trigg Equipgunon,10,0.1\DOp:＝gun,1;
TriggL p1,v500,gunon,z50,gun1;
```

执行说明:当其 TCP 位于虚构点 p2 前 0.1 s 时(位于点 p1 前 10 mm),工具 gun1 开始打开。当 TCP 达到点 p2 时,焊枪完全打开。如图 3.3-3 所示显示了固定位置时间 I/O 事件的实例。

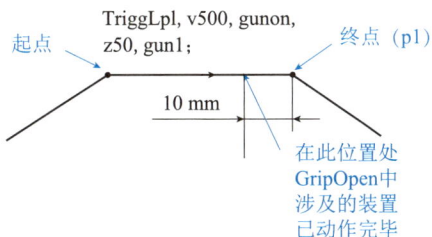

图 3.3-3　TriggEquip 实例

例 2：

```
VARtriggdata glueflow；
…
TriggEquip glueflow，1\Start，0.05\AOp：=glue，5.3；
MoveJ p1，v1000，z50，tool1；
TriggL p2，v500，glueflow，z50，tool1；
```

执行说明：当 TCP 通过位于起点 p1 后 1 mm 处的点时，将模拟信号输出信号 glue 设置为值 5.3，且设备滞后补偿为 0.05 s。

想一想

怎么在工业机器人到达某点之前 1 s 开启胶枪，或者在离开某点后 100 mm 关闭焊枪？这种提前和延迟应该用什么指令来完成？

二、工业机器人条件等待指令

ABB 工业机器人的等待指令是一种重要的控制指令，用于让机器人在执行任务时暂停一段时间或者等待外部触发信号后再进行下一步操作。在工业生产中，等待指令被广泛应用于自动化装配线、焊接、涂装等各种场合。

1. 数字输入信号等待指令——WaitDI

WaitDI 指令用于等待一个数字量输入信号达到设定值，可以帮助机器人等待外部触发信号后再进行下一步操作。这种功能通常用于控制机器人与其他设备之间的同步操作，例如在流水线上，机器人需要等待传送带上的零件到位后再进行抓取和操作。这样可以保证机器人与其他设备的同步性，避免出现误操作。

如表 3.3-1 所示为 WaitDI 指令的参数说明：

表 3.3-1　WaitDI 指令及其参数说明

指令：WaitDISignal，Value；	
参数：Signal	数字量输入信号名称
参数：Value	信号值：0 或 1

例 1：等待 di0_Robs_vacuumOK 信号状态为 1，执行下一行运动指令。

```
waitDI di0_Robs_vacuumOK，1；
```

例 2：等待 di0_Robs_vacuumOK 信号状态为 1，否则 2 s 后报警。

```
WaitDI di0_Robs_vacuumOK，1\MaxTime：=2；
```

例 3：等待 di0_Robs_vacuumOK 信号状态为 1，否则 2 s 后 flag2 为 TURE，并执行下一行指令。

```
WaitDI di0_Robs_vacuumOK，1\MaxTime：=2\TimeFlag：=flag2；
```

在程序编辑窗口，点击"添加指令"，在"Common"栏点击"WaitDI"，即可添加一条指令，如图 3.3-4 所示，表示等待数字量输入信号 EXDI3 为 1。

图 3.3-4   添加 WaitDI 指令

2.条件等待指令——WaitUntil

WaitUntil 指令用于等待满足相应判断条件后，才执行后续指令。例如，它可以等待，直至设置了一个或多个输入条件。

例 1：仅在 DO_7 置 1 后，继续程序执行，如图 3.3-5 所示。

WaitUntil DO_7＝1；

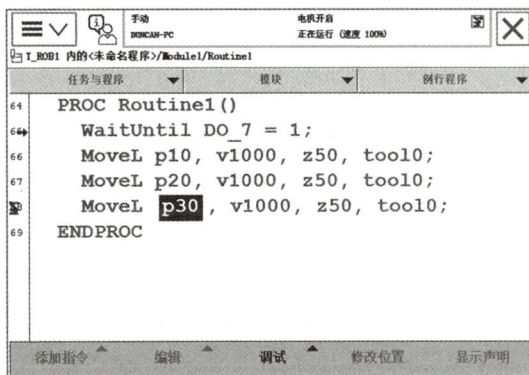

图 3.3-5   WaitUntil 实例

WaitUntil 指令使用参变量[\NnPos]，机器人及其外轴必须在完全停止的情况下，才进行条件判断，此指令比指令 WaitDI 的功能更广，可以替代其所有功能。

例 2：

```
VAR bool timeout;
WaitUntil start_input＝1 AND grip_status＝1\MaxTime：＝60
\TimeFlag：＝timeout；
IF timeout THEN
    TPWrite"No start order received within expected time";
ELSE
    start_next_cycle;
ENDIF
```

执行说明：如果未在 60 s 以内满足两个输入条件，则将在 FlexPendant 示教器的显示器上写入一条错误消息。

例 3：

```
PROCPickPart()
    MoveJ pPrePick,vFastEmpty,zBig,tool1;
    WaitUntil di_Ready=1;
    (WaitDI di_Ready,1;)
    ...
    END PROC
```

执行说明：机器人等待输入信号，直到信号 di_Ready 值为 1，才执行随后指令。

学习活动 4　工业机器人流程控制指令

工业机器人流程控制指令包括逻辑判断指令和中断停止指令，其作用是优化机器人操作流程、提高生产效率，并确保机器人操作的安全和精确性。

一、逻辑判断指令

逻辑判断指令（如条件指令、循环指令和跳转指令）用于根据不同条件和循环要求来控制机器人的运行流程，以实现灵活的操作逻辑。

1.条件指令——IF/TEST

（1）IF 条件指令

指令说明：满足不同条件，执行对应程序。

IF 是最常见的分支结构（选择结构），适用于有条件判断的场合，根据条件判断的结果来控制程序的流程。IF 结构有 3 种类型（图 3.4-1）：单分支结构、双分支结构和多分支结构。

微课：逻辑判断指令

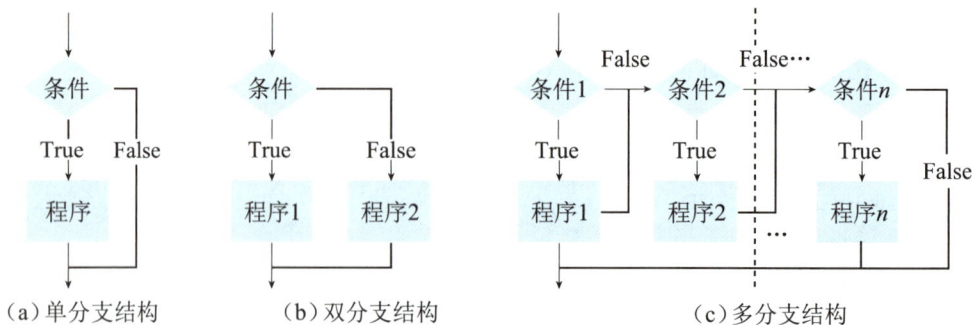

（a）单分支结构　　（b）双分支结构　　（c）多分支结构

图 3.4-1　IF 程序结构

① 单分支结构：IF 语句对条件进行一次判定，若判定为真，则执行后面的程序，否则跳过程序。

② 双分支结构：IF 语句对条件进行一次判定，若判定为真，则执行程序 1，否则执行程序 2。

③ 多分支结构:IF 语句对条件 1 进行一次判定,若判定为真,则执行程序 1,程序 1 执行完成后执行条件 2 的判定,否则直接执行条件 2 的判定。以此类推,直到条件 n。则跳过程序(或执行程序 $n+1$)

基于 IF 程序结构的特性,在设定判定条件时应考虑唯一性,例如条件 1 如果为 $n=4$,条件 2 为 $n>6$,那么当 $n \geqslant 7$ 时,程序 1 和程序 2 都会被执行。一般情况下要避免这样的情况,但也有部分情况反而利用这样的特性。

例:

```
IF reg1>5 THEN
    Set STHL;
    Set SPHL;
ELSE
    Reset STHL;
    Reset SPHL;
ENDIF
```

执行说明:判断 reg 是否大于 5,设置或重置信号 STHL 和 SPHL。

(2)TEST 条件指令

指令说明:根据指定变量的判断结果,执行对应程序。

TEST 数据可以是数值也可以是表达式,根据该数值或表达式结果执行相应的 CASE。TEST 指令用于在选择分支较多时使用,如果选择分支不多,则可以使用 IF…ELSE 指令代替。TEST 指令结构如下:

```
TEST <EXPO>
  CASE <EXP1>:
    <SMT1>
  CASE EXP2>:
    <SMT2>
  CASE EXP3>:
    <SMT3>
ENDTEST
```

EXPO 为 TEST 数据,可以是数值也可以是表达式;EXP1、EXP2、EXP3 为相应的 CASE 值;SMT1、SMT2、SMT3 为相应的 CASE 值的指令输入位置。

例:

```
TESTregl
  CASE 1:
    MOVLp10,v1000,fine,tool1;
  CASE 2,3:
    MOVL20,v1000,fine,tool1;
  DEFAULT:
    stop;
ENDTEST
```

执行说明:对 regl 的数值进行判断,如果值为 1,则运动至点 p10,如果值为 2 或 3,则运动至 p20 点,否则停止。

小贴士

使用 TEST 指令注意事项

√ TEST 指令可以添加多个"CASE",但只能有一个"DEFAULT"。

√ TEST 可以对所有数据类型进行判断,但是进行判断的数据必须有数值。

√ 如果没有很多的替代选择,可使用 IF…ELSE 指令。

√ 如果不同的值对应的程序一样,用"CASE××,××,…;"来表达,可以简化程序。

2. 循环指令——WHILE/FOR

(1)WHILE 循环指令

指令说明:如果条件满足,则重复执行对应程序。

WHILE 指令,即条件循环指令。当条件判断表达式为 TRUE 时,就会一直循环执行 WHILE 块中的指令内容;当条件判断表达式为 FALSE 时,则停止执行 WHILE 块中的指令内容。若能确定重复的数量,则也可以使用 FOR 指令来代替。

① WHILE 指令基本结构,如下所示:

```
WHILE <EXP> DO
<SMT>
ENDWHILE
```

<EXP>是循环判断条件,光标选中,点击即可输入表达式;<EXP>可以是表达式,也可以是多个表达式之间的"与"、"异"或"求余"等关系,条件的结果只有对或错。<SMT>是指令输入占位符,光标选中<SMT>并点击"添加指令"按钮即可编写程序。

② WHILE 指令执行:WHILE 指令一般用于根据特定条件而重复执行相关内容,即只要 WHILE 后面的条件<EXP>成立,则一直执行 WHILE 和 ENDWHILE 之间的指令片段,直到 WHILE 后面条件<EXP>不成立时,程序指针才跳到 ENDWHILE 的下一条指令继续往下运行,一般 WHILE 后面的条件变化要放在 WHILE 和 ENDWHILE 指令之间。

例(如图 3.4-2):

```
regl:=1;
WHIL eregl<=10 DO
  regl:=regl+ 1;
ENDWHILE
```

执行说明:初始化 reg1 为执行 WHILE 指令时,先判断 reg1=10 条件是否成立,如果条件成立,则执行循环语句内的内容,WIILE 中每执行一次,reg1:=reg1+1,即 reg1 自加一;执行完一次后,程序指针又跳到 WHILE 指令进行第二次判断 reg1=10 条件是否成立,条件成立则又继续执行循环语句内的内容 reg1:=reg1+1,重复判断条件,重复执行 WHILE 中指令,直到条件 reg1<=10

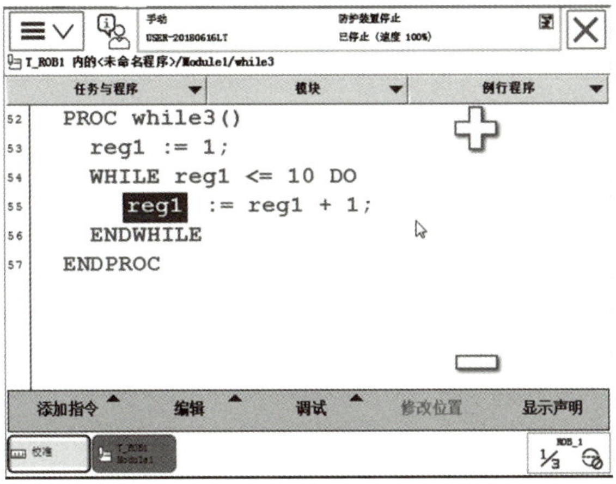

图 3.4-2　WHILE 指令实例

不成立,即 reg 为 11 时,程序执行指针跳转到 ENDWHILE 指令后,结束 WHILE 指令,继续后面的程序运行。

③ WHILE 无限循环

WHILE TRUE DO

　　<SMT>

ENDWHILE

执行说明:WHILE 指令的条件是 TRUE,即条件一直成立。因此,程序指针执行到 WHILE 指令以后程序就会一直执行 WHILE 指令,程序指针不会跳出到 ENDWHILE 指令后面运行,这里的 WHILE 是一个死循环,即无限循环。该指令一般可以用在编写程序正常自动运行部分,使工业机器人正常工作时处于一直执行状态。

(2)FOR 循环指令

指令说明:根据指定的次数,重复执行对应程序。

① 指令结构:在 ABB 工业机器人系统中,FOR 是重复执行判断指令,一般用于重复执行特定次数的程序内容,FOR 指令结构,如表 3.4-1 所示。

表 3.4-1　FOR 指令结构

选　项	说　明
指令结构	FOR <ID> FROM <EXP1> TO <EXP2>　<EXP3> DO　<SMT>　ENDFOR
<ID>	循环判断变量
<EXP1>	变量起始值,第一次运行时变量等于这个值
<EXP2>	变量终止值,或叫作末尾值
<EXP3>	变量的步长,每运行一次 FOR 里面语句变量值自加这个步长值,在默认情况下,步长<EXP>是隐藏的,是可选变量项

② 指令执行:程序指针执行到 FOR 指令,第一次运行时,变量<ID>的值等于<EXP1>的值,然后执行 FOR 和 ENDFOR 指令的指令片段,执行完以后,变量<ID>的值自动加上步长

<EXP3>的值;然后程序指针跳去 FOR 指令,开始第二次判断变量<ID>的值是否在<EXP1>起始值和<EXP2>末端值之间,如果判断结果成立则程序指针继续第二次执行 FOR 和 ENDFOR 指的指令片段,同样执行完后变量<ID>的值继续自动加上步长<FXP3>的值;然后程序指针又跳去 FOR 指令,开始第三次判断变量是否在起始值和末端值之间,如果条件成立则又重复执行 FOR 里面指令,变量又自动加上步长值;直到当判断出变量<ID>的值不在起始值和末端值时,程序指针才跳到 ENDFOR 后面继续往下执行。

FOR 循环指令程序举例如表 3.4-2 所示:

表 3.4-2　FOR 循环指令程序实例及其说明

程序实例	程序说明
PROCrfor3()	rFOR3 例行程序开始
X:= 0;	变量 X 赋值为 0
i:= 1;	变量 i 赋值为 1
FORIFROM 1TO 3 DO	FOR 循环 3 次
X:= X+100;	变量 X=X+100
ENDFOR	FOR 循环结束
i=i+1	变量 i 自增 1
WaitTime 3;	延时 3 s
ENDPROC	rFOR3 例行程序结束

3. 无条件跳转指令——GOTO

指令说明:用于将程序执行转移到相同程序内的另一线程(标签)。

GOTO <Label>

<Label>:标签。<Label>是程序中的一个标签位置,执行 GOTO 指令后,工业机器人将从相应标签位置<Label>处继续运行机器人程序。因为标签会隐藏在其所在程序内具有相同名称的全局数据和程序。因此,在使用该指令时,标记不得与以下内容相同:

① 同一程序内的所有其他标记;

② 同一程序内的所有数据名称。

例(GOTO 指令结合标签使用):

GOTO Next;
　<SMT>
Next:

执行说明:当执行 GOTO Next 时,程序无条件转移到标签 Next 的地址。

二、中断和停止指令

中断和停止指令用于在需要时中断机器人的运行或停止其动作,提供了安全和可靠的控制机制。此外,路径保存与恢复指令可用于记录和恢复机器人在运动路径上的特定位置,提供了精确的定位和路径控制功能。

1. 中断指令

(1) 认识中断

在 RAPID 程序执行过程中，如果出现需要紧急处理的情况，机器人会中断当前的执行，程序指针 PP 马上跳转到专门的程序中，对紧急的情况进行相应的处理；处理结束后程序指针 PP 返回到原来被中断的地方，继续往下执行程序。这种专门用来处理紧急情况的专门程序，称作中断程序（TRAP）。

中断程序经常被用于出错处理、外部信号的响应等实时响应要求高的场合。完整的中断过程包括触发中断，处理中断、结束中断。

① 通过获取与中断例行程序关联在一起的中断识别号 CONNECT 指令，扫描与识别号关联在一起的中断触发指令，来判断是否触发中断。

② 在中断条件为真时，触发中断，程序跳转指针跳转至与对应识别号关联的程序中，进行相应的处理。

③ 在处理结束后，程序指针返回至被中断的地方，继续往下执行程序。

(2) 常用中断指令

ABB 工业机器人系统支持的中断指令很多，也就是说可以使用多种方式触发和管理中断。中断指令及其功能见表 3.4-3 所示。

表 3.4-3　中断指令及其功能

序号	指令名称	功能类型	指令功能
1	CONNECT	连接中断	连接变量（中断识别号）与软中断程序
2	ISignalDI	触发中断	中断数字信号输入信号
3	ISignalDO		中断数字信号输出信号
4	ISignalGI		中断组输入信号
5	ISignalGO		中断组输出信号
6	ISignalAI		中断模拟输入信号
7	ISignalA0		中断模拟输出信号
8	ITimer		定时中断
9	TriggInt		固定位置中断
10	IPers		变更永久数据对象时中断
11	IErro		出现错误时下达中断指令并启用中断
12	IRMQMessage		RMQ 收到指定数据类型时中断
13	IDelete	中断管理	取消（删除）中断
14	ISleep		使个别中断失效
15	IWatch		使个别中断生效
16	IDisable		禁用所有中断
17	IEnable		启用所有中断

续表

序号	指令名称	功能类型	指令功能
18	GetTrapData	中断状态	用于软中断程序,获取被执行中断的所有信息
19	ReadErrData		用于软中断程序,以获取导致软中断程序被执行的错误、状态变化或警告的数值信息

虽然中断指令很多,中断连接指令"CONNECT"是必须使用的。一般情况下,中断指令中常用的主要是触发中断的指令,如 IDelete、ISignalDI 指令。中断管理及中断状态指令则很少使用。

① CONNECT:用于发现中断识别号,并将其与软中断程序相连。通过下达中断事件指令并规定其识别号,确定中断。因此,当出现该事件时,自动执行软中断程序。

② IDelete(中断删除):用于取消(删除)中断预定。如果中断仅临时禁用,则应当使用指令 ISleep 或 IDisable。

③ ISignalDI(中断信号数字信号输入):用于下达和启用数字信号输入信号的中断指令。

(3)中断指令应用操作(表 3.4-4)

表 3.4-4 中断指令应用

步骤	操作内容:中断指令应用	图 示
1	点击"程序编辑器"	
2	点击"新建模块…",新建一个主程序	

续表

步　骤	操作内容:中断指令应用	图　示
2		
3	再添加一个中断程序	
4	点击"添加指令",找到"Interrupts"菜单,先添加IDelete指令取消(删除)中断预定,然后关联一个新的中断数据	

117

步　骤	操作内容:中断指令应用	图　示
4		
5	添加 CONNECT:指令,连接一个中断识别号,同时连接一个 IO 信号,该信号就是触发中断的信号,当工业机器人接收到该信号时,即连接中断程序	

步　骤	操作内容:中断指令应用	图　示
5		
6	连接一个中断例行程序,该中断程序就是要执行的中断操作	

续表

步　骤	操作内容:中断指令应用	图　示
7	添加 ISignalDI 指令(中断信号数字信号输入),关联一个输入信号	
8	修改 ISignalDI 指令,点击 Single 不使用。 如果参数 Single 得以设置,则中断最多出现一次。 如果省略 Single 和 SingleSafe 参数,则每当满足条件时便会出现中断	

续表

<table>
<tr><th>步 骤</th><th>操作内容:中断指令应用</th><th>图 示</th></tr>
<tr><td>8</td><td></td><td>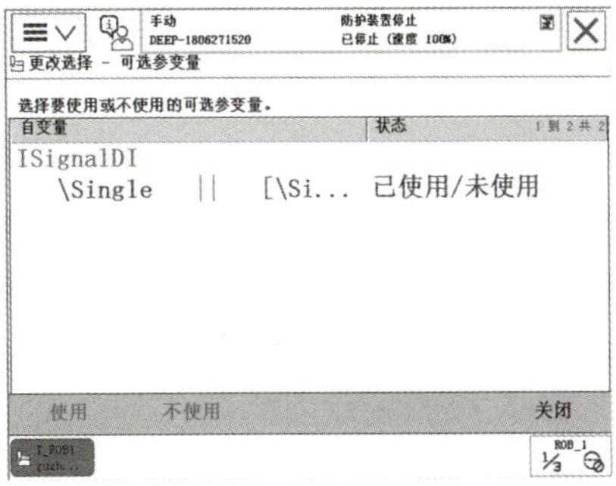

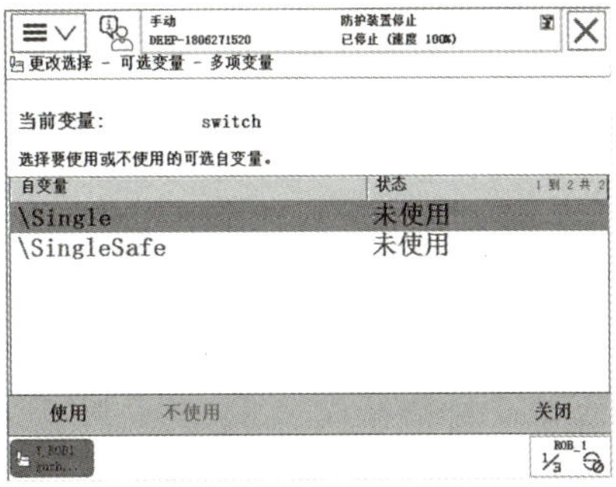
</td></tr>
<tr><td>9</td><td>打开中断程序,编辑中断程序内容</td><td>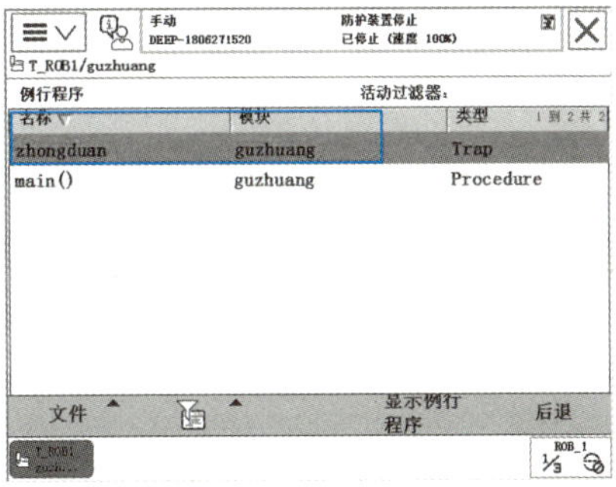

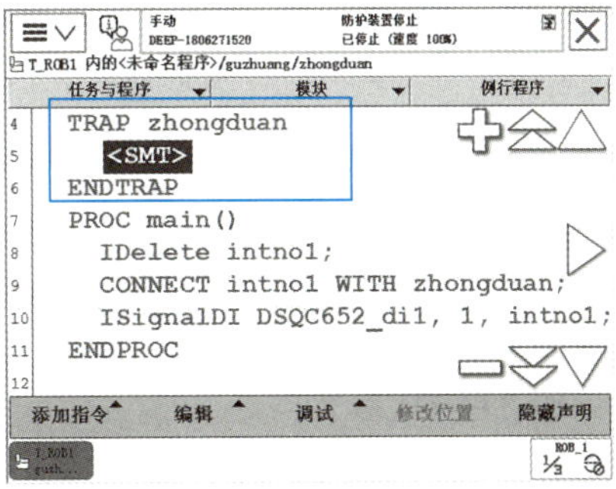
</td></tr>
</table>

续表

步 骤	操作内容:中断指令应用	图 示
10	添加中断程序内容,如停止运动指令	
11	完成具体程序后,保存调试	

2.停止指令

为处理突发事件,中断例行程序的功能有时会设置为让机器人程序停止运行。下面对程序停止指令及简单用法进行介绍。

(1)EXIT 指令

ABB 工业机器人在当前指令行立刻停止运行,并且程序重置,程序运行指针丢失。当出现致命错误或永久地停止程序执行时,应当使用 EXIT 指令。

例:

```
PROC Routine1()
    MoveAbsJ jpos10 NoEoffs,v1000,fine, tool0;
    MoveJ p1,v1000,fine,tool0;
    EXIT;
    MoveJ p2,v1000,fine, tool0;
    MoveL p3,v1000,fine, tool0;
ENDPROC
```

执行说明:机器人停止在 p1 点。

(2)BREAK 指令

BREAK 指令是指中断程序执行,无论工业机器人机械臂是否到达目标点,机械臂都会立即停止运动。

例：

MoveJ p1,v100,fine,tool0；

MoveL p2,v100,z30,tool0；

BREAK；

MoveL p3,v100,fine,tool0

执行说明：运行后机器人先到达 p1 点，然后在到达 p2 点之前,机器人将停留在 p2 点的转弯区半径前,如图 3.4-3 所示。

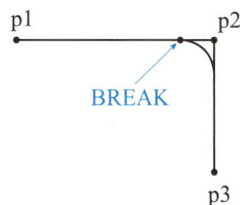

图 3.4-3　BREAK 指令运行图

（3）STOP 指令

STOP 指令用于临时停止程序执行,程序指针会保留,并且还可以继续运行。在 STOP 指令就绪之前,将完成当前执行的所有移动。

例：

MoveL p2,v100,z30,tool0

STOP；

MoveL p3,v100,fine,tool0；

执行说明：运行后机器人会停留在 p2 点处,如图 3.4-4 所示。

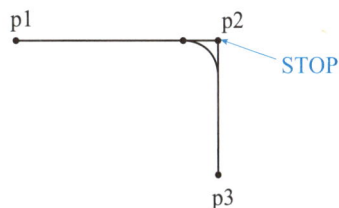

图 3.4-4　STOP 指令运行图

3.路径保存与恢复指令

当机器人在运动过程中进入中断,需先用 StorePath 指令存储执行中的运动路径,并在中断将结束时,用 RestoPath 指令恢复之前存储的运动路径。

① StorePath 指令：用来记录机器人当前运动状态。

② RestoPath 指令：用来恢复已经被记录的机器人运动状态,必须与指令 StorePath 联合使用。

例：

TRAP go_to_home_pos

　　StopMove；

　　StorePath；

　　p10：=CRobT()；

　　MoveL Home,v500,fine,tool1；

　　WaitDI di1,0；

　　MoveL p10,v500,fine,tool1；

　　RestoPath；

　　StartMove；

ENDTRAP

执行说明：机器人临时停止运动,并记录运动路径,在 Home 位置等待 di1 为 0 后,继续原运动状态。

中断后运动路径的保存与恢复操作如表 3.4-5 所示。

表 3.4-5 路径保存与恢复

步　骤	操作内容:路径保存与恢复	图　示
1	打开程序编辑器,在 Module1 模块下新建中断程序	
2	在新建好的中断程序 TRAP1 内添加"StopMove"指令,停止当前机械臂的运动	
3	继续添加"StorePath"指令,存储执行中的移动路径	
4	新建一个 robtarget 类型的变量 temp_pos,将工业机器人当前的位置赋值给 temp_pos	

续表

步　骤	操作内容:路径保存与恢复	图　示
5	机器人运动到之前记录的点位 temp_pos,到此机器人存储执行过程中的运动路径完成。在中断即将结束的时候,机器人再次运动到之前记录的点位 temp_pos	
6	机器人恢复 StorePath 中存储的移动路径,通过 StartMove 重启机器人移动	
7	当执行程序 Routine1 的时候,di1 第一次变为 1,中断将被触发,执行中断程序 TRAP1	

课程总结

本学习任务聚焦于 ABB 工业机器人生产节拍调整的相关知识,包括生产节拍、程序数据、等待指令和流程控制指令、ABB 工业机器人程序编写,对此领域的逻辑性和程序指令的熟练程度提出了一定的要求。通过学习,学生将能够掌握工业机器人的程序数据创建与管理、赋值、等待指令和流程控制指令的使用方法。这些知识和技能有助于他们在实际工作中更好地应用工业机器人进行生产节拍调整。

课堂小测

一、单选题

1. 在工业机器人生产中，(   )代表着机器人完成特定任务的时间间隔或速率，它是衡量机器人生产效率和执行力的重要指标。

    A. 生产周期   B. 生产效率

    C. 生产率   D. 生产节拍

2. 生产周期与生产节拍的主要区别是什么？(   )

    A. 生产周期是完成工作的循环时间，而生产节拍是随需求变化的目标时间

    B. 生产周期是反映需求对生产的调节，而生产节拍是生产效率的指标

    C. 生产周期是人为制定的目标时间，而生产节拍是实际完成工作的循环时间

    D. 生产周期是受到设备加工能力等因素影响的，而生产节拍是随需求数量和需求期的有效工作时间变化而变化的

3. 如果需求比较稳定，生产节拍和生产周期会有什么变化？(   )

    A. 生产节拍和生产周期都会变短

    B. 生产节拍和生产周期都会变长

    C. 生产节拍变短，生产周期变长

    D. 生产节拍变长，生产周期变短

4. ABB 工业机器人的程序数据共有(   )种。

    A. 102   B. 98   C. 62   D. 58

5. 在 ABB 工业机器人中，不属于 RAPID 程序定义的维度数组是(   )。

    A. 一维   B. 二维   C. 三维   D. 四维

二、多选题

1. 计时指令是用来计算程序运行的时间，其指令包括(   )。

    A. ClkReset(时钟复位)   B. ClkStart(开始计时)

    C. ClkStop(停止计时)   D. ClkRead(读取时钟当前数值)

2. 程序数据的存储类型包括(   )。

    A. 有变量(VAR)   B. 可变量(PERS)

    C. 常量(CONST)   D. 异量(EONST)

三、判断题

1. 良好的生产节拍可以消除生产线的阻塞和积压，提高生产效率。(   )

2. ClkReset 的功能是复位一个用来计时功能的时钟。该指令在使用时钟指令之后使用，确保它准确。(   )

3. 程序数据表示程序模块或系统模块中的设定值和定义的一些环境数据。(   )

4. 工业机器人在工作时能够承受的最大载重称为有效载荷。(   )

四、填空题

1.生产节拍不是一个能够测量出来的数据,而是通过公式计算,生产节拍的公式为:_____。

2._____指令可擦除在示教器上写入的文本,在同一指令集,它和写屏类指令配合使用,在写屏前进行清屏作用。

3.工业机器人控制程序是由"_____＋_____"所构成的。

4.IF 是最常见的分支结构(选择结构),适用于有条件判断的场合,根据条件判断的结果来控制程序的流程,其结构包括 3 种类型:_____、双分支结构和_____。

学习任务 4

工业机器人工作站周边设备调整

学习目标

1. 能进行 RobotStudio 与工业机器人的连接操作；
2. 能对 WaitTime 和 VelSet 指令进行在线编辑；
3. 能批量设置 I/O 信号；
4. 能区别 PROFINET Device 和 PROFINET Controller 的用途；
5. 能进行 PLC 与工业机器人的主站、从站的配置；
6. 能概述工业视觉的特点和系统组成；
7. 能进行工业机器人视觉检测装置的安装与调试；
8. 能正确运用 Socket 指令进行相机通信配置；
9. 能正确编写相机通信程序。

建议课时:48 课时

学习要求

序　号	学习活动	学习内容	学　时	备　注
1	工业机器人与 RobotStudio 通信	RobotStudio 与工业机器人连接	16	需要安装 RobotStudio、PROFINET configurator 等软件
		RobotStudio 在线编程		
		I/O 信号在线编辑		
2	PLC 与工业机器人通信	PROFINET Device 配置	16	
		PROFINET Controller 配置		

续表

序　号	学习活动	学习内容	学　时	备　注
3	相机与工业机器人通信	工业视觉系统介绍	16	
		视觉检测装置配置		
		相机通信配置		
		相机通信程序编写		

学习活动 1　工业机器人与 RobotStudio 通信

微课：工业机器人与
RobotStudio 通信

RobotStudio 软件具有在线作业功能，将软件与真实的工业机器人进行连接通信，对工业机器人可进行便捷的监控、程序修改、参数设定、文件传送及备份系统等操作，使调试与维护工作更轻松。

一、RobotStudio 与工业机器人连接

首先，需要使用网线将计算机与工业机器人控制柜（Server）端口连接，网线一端插入计算机网线端口，另一端插入控制柜（Server）的网线端口，如图 4.1-1 所示。设定计算机 IP 地址为"自动获得 IP 地址"即可。

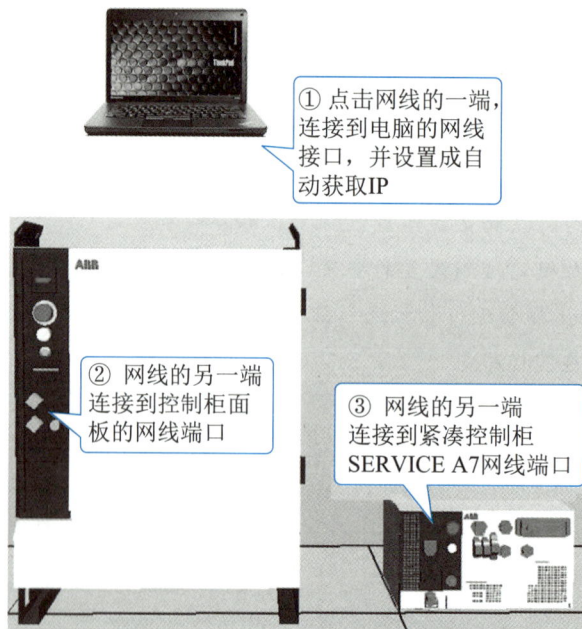

① 点击网线的一端，连接到电脑的网线接口，并设置成自动获取IP

② 网线的另一端连接到控制柜面板的网线端口

③ 网线的另一端连接到紧凑控制柜SERVICE A7网线端口

图 4.1-1　计算机与控制柜网线连接

然后，在"控制器""添加控制器"列表中有"一键连接""添加控制器""从设备列表添加控制器""启动虚拟控制器"四个选项，如图 4.1-2 所示。通常选择"一键连接"即可通过服务端口连接真实工业机器人控制器。

图 4.1-2　添加控制器

　　将 RobotStudio 软件与工业机器人建立连接,如果要通过软件对工业机器人进行程序的导入、程序的编写和参数的修改等,为防止软件中的误操作对工业机器人造成损坏,需要在真实工业机器人控制器获取"写权限"。将工业机器人控制柜的手动\自动开关旋至"手动"状态,在软件的"控制器"选项卡中选择"请求写权限",如图 4.1-3 所示,在示教器界面上弹出"请求写权限"对话框,点击"同意"按钮,即可写权限。待完成对控制器的写操作后,在示教器中点击"撤回",收回写权限,如图 4.1-4 所示。

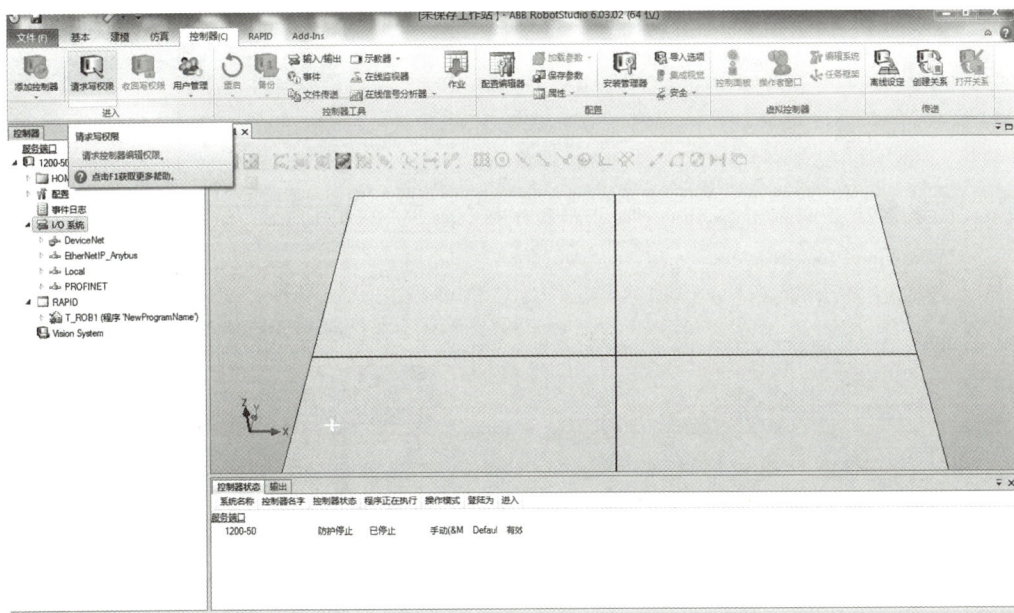

图 4.1-3　请求写权限

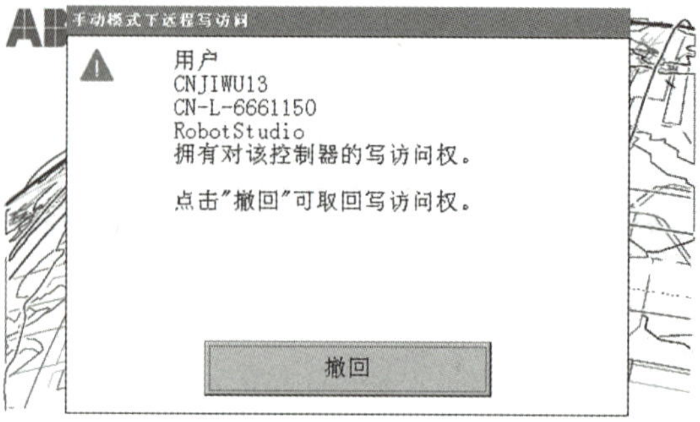

图 4.1-4　收回写权限

二、RobotStudio 在线编程

在工业机器人的实际运行中,为了配合实际的需要,经常会在线对 RAPID 程序进行微小的调整,包括修改或增减程序指令。下面就这两方面的内容进行操作。

1. 修改等待时间指令 WaitTime

将程序中的等待时间从 2 s 调整为 3 s,修改操作过程如表 4.1-1 所示。

表 4.1-1　在线编辑 WaitTime

步　骤	操作内容:在线编辑 WaitTime	图　示
1	在"RAPID"功能选项卡中点击"请求写权限"。并在示教器中点击"同意"进行确认	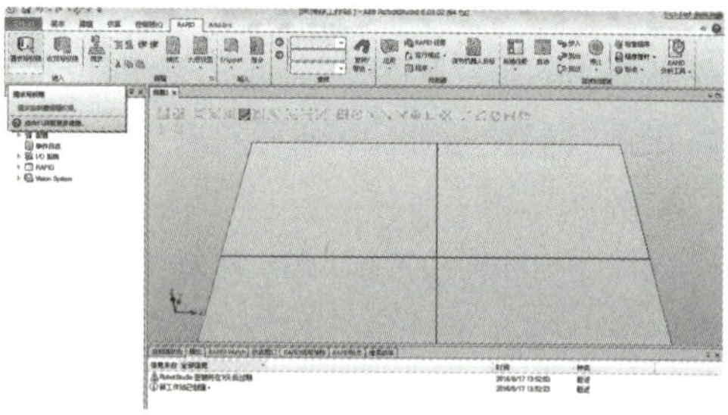
2	在"控制器"窗口双击"Module1"。点击程序指令"WaitTime2；"	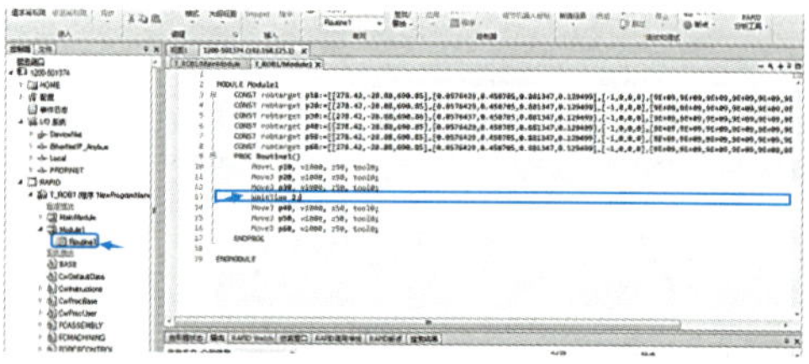
3	将程序指令"WaitTime2"修改为"WaitTime3"	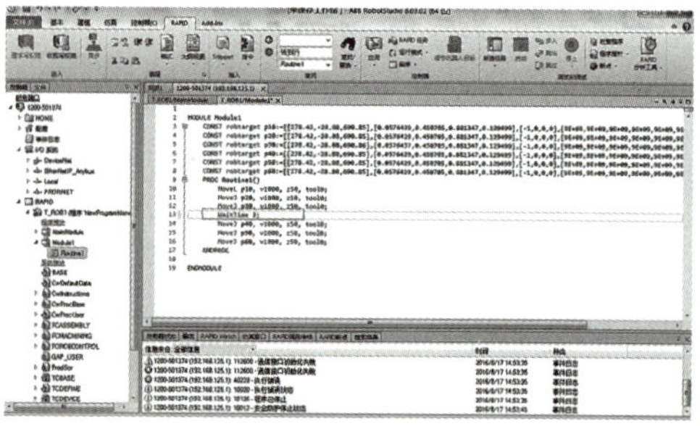

步　骤	操作内容:在线编辑 WaitTime	图　示
4	修改完成后,点击"应用",点击"Yes",点击"收回写权限",控制中的指令已被修改	

2.增加速度设定指令 VelSet

为了将程序中机器人的最高速度限制在 1 000 mm/s,要在一个程序中移动指令的开始位置之前添加一条速度设定指令。操作过程如表 4.1-2 所示。

表 4.1-2　在线编辑 VelSet

步　骤	操作内容:在线编辑 VelSet	图　示
1	在"RAPID"功能选项卡中点击"请求写权限",并在示教器中点击"同意"进行确认	
2	在程序的开始端空一行	
3	点击"指令",在菜单中选择"Settings"中的"VelSet"	

133

续表

步 骤	操作内容:在线编辑 VelSet	图 示
4	"VelSet"指令要设定两个参数,最大倍率和最大速度	
5	指令修改为"VelSet 98,980;"	
6	修改完成后,点击"应用",点击"Yes",点击"收回写权限"。此时,控制器中的指令已被修改	

三、I/O 信号在线编辑

工业机器人与外部设备的通信是通过 ABB 标准的 I/O 或现场总线的方式进行的,其中又以 ABB 标准 I/O 板应用最广泛。

在 RobotStudio 中,可以创建虚拟 I/O 信号并进行配置,以模拟实际的输入和输出信号。这些虚拟 I/O 信号可以用于与外部设备进行通信和数据交换的练习和测试,而无须实际连接到物理的传感器或执行器。下面分别以单一 I/O 信号设置和批量 I/O 信号设置为例,进行在线编辑 I/O 信号的操作讲解。

1. 单一 I/O 信号设置

进行 I/O 信号设置前,需要建立起 RobotStudio 与机器人的连接。具体操作过程如表 4.1-3 所示。

表 4.1-3　单一 I/O 信号设置

步　骤	操作内容:单一 I/O 信号设置	图　示
1	在"RAPID"功能选项卡中点击"请求写权限",并在示教器中点击"同意"进行确认	
2	在"控制器"功能选项卡下选择"配置编辑器"中的"I/O"	
3	在"DeviceNetDevice"上点击右键,选择"新建 DeviceNet Device…"	
4	根据框中的值进行设定,然后点击"确定"	
5	点击"重启",选择"热启动",使刚才的设定生效	

步　骤	操作内容:单一 I/O 信号设置	图　示
6	在"Signal"上点击右键,选择"新建 Signal…"	
7	根据框中的值进行设定,然后点击"确定"	
8	点击"重启",选择"热启动",使刚才的设定生效	
9	点击"收回写权限",取消 RobotStudio 远程控制	

2. 批量 I/O 信号设置

具体操作如表 4.1-4 所示。

表 4.1-4　批量 I/O 信号设置

步　骤	操作内容:批量 I/O 信号设置	图　示
1	在"控制器"功能选项卡下选择"配置编辑器",点击"添加信号"	
2	批量添加 10 个数字输入信号,添加完毕后点击"确认"	
3	批量添加 10 个数字输出信号,添加完毕后点击"确认"	
4	信号配置完成,重启机器人	

续表

步　骤	操作内容:批量 I/O 信号设置	图　示
5	给 I/O 信号添加标签,方便阅读	
6	PC 与机器人网线连接后,可在线监控 I/O 信号	

学习活动 2　PLC 与工业机器人通信

微课:PLC 与工业机器人通信

　　PLC 与工业机器人通信是指通过特定的通信协议和接口,将 PLC 与工业机器人连接起来,实现二者之间的数据交换和控制。PLC 可以向工业机器人发送指令,控制其运动、动作和任务执行,并从工业机器人获取反馈信息,如位置、状态等,这样可以实现 PLC 与工业机器人的协同工作。

　　PROFINET 总线是目前机器人比较主流的一种通信方式。ABB 提供了不同的 PROFINET 软件选项,以支持机器人与 PROFINET 网络的连接。软件选项如下:

　　①(常用)888-2 PROFINET Controller/Device,该选项支持机器人同时作为 Controller(控制器)和 Device(设备),机器人不需要额外的硬件。

　　②(常用)888-3 PROFINET Device,该选项支持机器人作为 Device(设备),机器人不需要额外的硬件。

　　③(不常用)840-3 PROFINET Anybus Device,该选项支持机器人作为 Device(设备),机器人需要额外的 Anybus Device 硬件。

这些 PROFINET 软件选项可以根据实际需求和硬件配置进行选择和配置,以实现 PLC 与 ABB 工业机器人的通信和协同工作。

Device 和 Controller

Device:描述一种物理单元,在 PROFINET 总线中,特指从站;Controller:在 PROFINET 总线中,特指主站。主站负责发送命令和指令,从站接收并执行这些命令,然后将执行结果或数据返回给主站。

一、PROFINET Device 配置

888-2 和 888-3 选项均可用以配置 PROFINET Device,为了方便演示,下面以 888-3 选项为例进行 PLC 作为主站、机器人作为从站的配置。

检查是否安装了 882-3 软件,可前往"系统信息—系统属性—控制模块—选项"中查看,如图 4.2-1 所示。

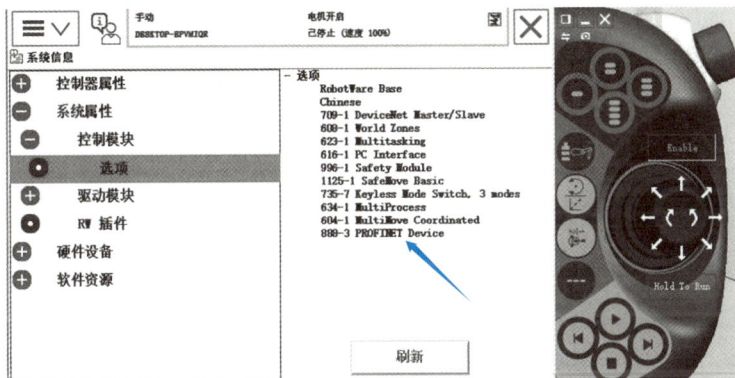

图 4.2-1　Profinet 软件安装检查

机器人控制器有如图 4.2-2 所示的几个网口,其中:X3 连接了示教器,X7 连接了安全板,X9 连接了轴计算机。PROFINET 可以连接 WAN 口或者 LAN3 口,根据设置连接。此处举例连接 LAN3 口,WAN 口跟上位机 TCP/IP。(注意:PROFINET 在 LAN3 口设置网段必须跟 TCP/IP 设置网段不一样)。

PROFINET 可以连接 WAN 口或者 LAN3 口,根据设置连接。此处举例连接 LAN3 口,WAN 口跟上位机 TCP/IP。(注意:PROFINET 在 LAN3 口设置网段必须跟 TCP/IP 设置网段不一样)。

1. 机器人端配置

机器人要实现与 PLC 的通信,需要配置三个方面:配置总线信息、配置从站设备信息和设置通信端口。

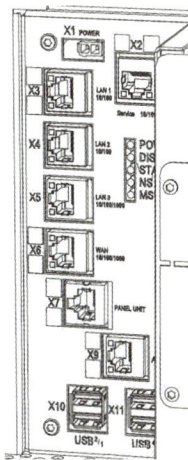

图 4.2-2　控制器网口

(1)配置总线信息(表 4.2-1)

表 4.2-1　配置总线信息

步　骤	操作内容:配置总线信息	图　示
1	点击"控制面板—配置",选择"Industial Network"	
2	点击"PROFINET"	
3	设置"PROFINET Station Name"。某些 PLC 具备远程直接分配站点名称的功能。 如果已分配站名,则只需检查该站点的名称是否与 PLC 站名一致。如果未分配站名,则需要手动输入站名,并且要与 PLC 分配的名称一致。 设置完成,点击"确认",不要重启	

(2)配置从站设备信息(表 4.2-2)

表 4.2-2　配置从站设备信息

步　骤	操作内容:配置从站设备信息	图　示
1	点击"控制面板—配置",选择"I/O System",点击进入"PROFINET Internal Device"	

续表

步 骤	操作内容:配置从站设备信息	图 示
2	打开后,点击进入"PN_Internal_Device"	
3	打开后,需要在这里输入与 PLC 通信的字节数,需要与 PLC 保持一致。 最大到 256 字节(1 字节=8 位)	
4	设置完成,点击"确认"	

(3)设置通信端口(表 4.2-3)

表 4.2-3 设置通信端口

步 骤	操作内容:设置通信端口	图 示
1	点击"控制面板—配置 ",选择"I/O System",点击"主题",选择"Communication"	

步　骤	操作内容:设置通信端口	图　示
2	进入"IP Setting"	
3	添加"PROFINET Network",设置 IP 并选择对应网口。 ① IP:PLC 分配过来的 IP 地址,如果有则检查一下,没有就手动输入; ② Subnet:PLC 分配过来的子网掩码,如果有则检查一下,没有就手动输入; ③ Interface:选择总线网线插入机器人控制柜上面的哪个端口	

2. PLC 端配置

在完成了 ABB 工业机器人上的 PROFINET 设定后,也需要在 PLC 端完成相应的配置,具体操作如表 4.2-4 所示。

表 4.2-4　PLC 端配置

步　骤	操作内容:PLC 端配置	图　示
1	点击"FlexPendant 资源管理器",按照路径获取 GSD 文件	路径:PRODUCTS/RobotWare_6XX/utility/service/GSDML/GSDML-V2.0-PNET-FA-20100510.xml
2	打开 PLC,点击"选项－管理通用站描述文件"。选择刚刚从 ABB 拷贝的 gsdml 文件目录,勾选"安装"	
3	点击左侧设备组态,在右侧硬件目录选择 BASIC V1.4,拖到组态网络视图里	

步　骤	操作内容:PLC 端配置	图　示
4	双击点开 ABB 设备详情,此时需要分配设备地址、名称,添加 I/O 模块(前面机器人设置的 32 位输入/输出)	
5	点击绿色网口,展开设备 IP、名称设置(与前面 ABB 设置的名称、IP 一致)	
6	PLC 网口与 ABB 设备网口连线,下载配置到 PLC(注意:网口之间必须同网段)	
7	PLC 转至在线监控连接状态,ABB 在 I/O 设备里查看状态。 至此,PLC 与工业机器人通信配置完成,可正常通信	

二、PROFINET Controller 配置

在有些工况中,工业机器人既需要作为 PLC 的从站,又需要控制一些下挂模块(比如控制一

些倍福、西门子模块、焊接控制器等）。此时，这些模块作为机器人的从站模块，机器人则充当主站的角色。ABB 提供了一种方便、快捷、经济的方式，既可以方便地作为 PLC 的从站，又可以作为子模块的主站，而不需要任何额外的硬件支持。

注：888-2 PROFINET Controller/Device 可用以配置主站。

1. 配置总线信息

如果选择了 PROFINET Controller/Device(888-2)选项，进入"控制面板—配置"，可以看到系统生成了两个选项：PROFINET Devive(配置主站)和 PROFINET Internal Device(配置从站)，如图 4.2-3 所示。

图 4.2-3　配置主站和从站选项(注 a)

依次点击"控制面板—配置"，进入"Industial Network—PROFINET"。

这里面除了 PROFINET Station Name 设置与 888-3 设置一样，要与 PLC 这边分配的名称保持完全一致外，还有一项：Configuration File。这是机器人外挂从站模块的配置文件，通过第三方软件配置后生成的.xml 文件，放在机器人 home 文件夹下(配置见图 4.2-4)。

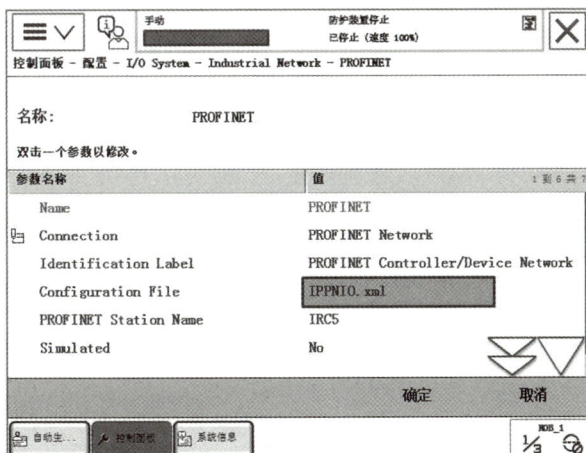

图 4.2-4　.xml 文件

2.配置 PLC 的从站(表 4.2-5)

表 4.2-5 配置 PLC 的从站

步　骤	操作内容:配置 PLC 的从站	图　示
1	进入" PROFINET Internal Device"	
2	打开后,点击"PN_Internal_Device"	
3	打开后:需要在这里输入与 PLC 通信的字节数,需要与 PLC 保持一致(最大到 256 字节)	
4	设置结果如右图所示	

146

续表

步　骤	操作内容:配置 PLC 的从站	图　示
5	设置本机器人通信端口地址	
6	IP:PLC 分配过来的 IP 地址,如果有则检查一下,没有就手动输入; Subnet:PLC 分配过来的子网掩码,如果有则检查一下,没有就手动输入; Interface:选择总线网线插入机器人控制柜上面的端口	 (注 b)

3.配置下挂模块主站

准备工作包括:安装软件 PROFINET Configurator;从站模块的 GSDML 文件。

（1）配置从站文件 IPPNIO.xml：（表 4.2-6）

表 4.2-6　配置从站文件

步　骤	操作内容:配置从站文件	图　示
1	配置从站文件 IPPNIO.xml： 新建文件并保存	
2	在"Device Catalog"里面找到 "Generic PN"，选择合适的版本，拖拽到上方	
3	将其拖曳到"My Test Project"下方，松开鼠标，将总线添加进去	
4	点击项目名称"My Test Project"，设置 IP 的起始地址、终止地址，以及子网掩码	
5	点击"KW－Software Profinet IO"，设置： ① DNS/Profinet Device Name：与注 a 中 PROFINET Station Name 一致； ② IP Address：与注 b 中 IP 设置一致； ③ Subnet Mask：与注 b 中 Subnet 设置一致	

步　骤	操作内容:配置从站文件	图　示
6	在 Device Catalog 区域邮件中,选择"Import GSD file",导入设备的 GSDML 文件。导进来后,会在 Device Catalog 区域显示模块	
7	将设备拖进总线下面	
8	选中从站模块,设置从站的名字,IP 和 Subnet	 (注 c)
9	选中设备,进入右边的"Profinet Stationnames"设置,电脑连接上交换机(机器人也需要插上交换机),扫描从站模块,然后分配 IP,分配的 IP 要与前一步设置的一致	
10	如果写入不进去,打开一起安装的 Net Name 和软件,通过此软件写入从站模块地	
11	将与实际相符的输入或者输出模块拖进总线下面外挂的设备中	

步 骤	操作内容:配置从站文件	图 示
12	设置完成后,保存,然后选择总线,点击右键,选择"Parameterize"	
13	点击"Execute",执行后生成 IPPNIO. xml 文件,拷贝到机器人 home 文件夹下	

(2)机器人配置主站参数(表 4.2-7)

表 4.2-7　机器人配置主站

步 骤	操作内容:机器人配置主站	图 示
1	进入 PROFINET Device	
2	点击添加,新建一个设备。StationName 一定要与"配置从站文件 IPPNIO. xml"步骤 8 中设置的完全一样	

步　骤	操作内容:机器人配置主站	图　示
3	设置 Vendor Name 和 Product Name。 至此,配置完成	

学习活动 3　相机与工业机器人通信

视觉技术的应用能够增强工业机器人的感知能力,使其具备"看"的能力,从而在工业智能制造领域实现实际检测、测量、识别、分类和分拣等自动化功能。视觉检测在工业生产中的应用日益拓展,特别是在许多工业产品的装配过程中,视觉检测已成为一个不可或缺的重要环节。

一、工业视觉系统介绍

工业视觉系统是用于自动检验、工件加工和装配自动化以及生产过程的控制和监视的图像识别机器。工业视觉系统的图像识别过程是按任务需要从原始图像数据中提取有关信息、高度概括地描述图像内容,以便对图像的某些内容加以解释和判断。如图 4.3-1 所示为机器人视觉检测应用。

微课:工业视觉特点及系统组成

工业视觉系统通过图像采集硬件(相机、镜头、光源等)将被摄取目标转换成图像信号,并传送给专用的图像处理系统。

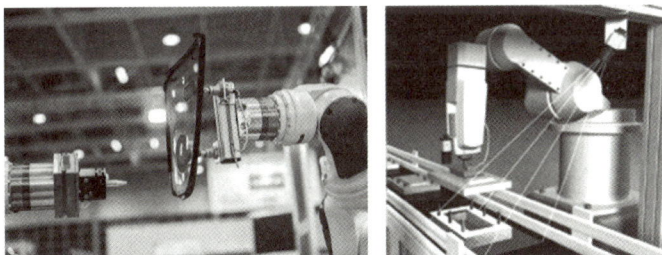

图 4.3-1　机器人视觉检测应用

1.工业视觉的特点

工业视觉系统具有高效率、高柔性、高自动化等特点。在现代自动化生产过程中,人们将工业视觉系统广泛地用于装配定位、产品质量检测、产品识别、产品尺寸测量等方面。

人类视觉和工业视觉特点比较,如表 4.3-1 所示。

表 4.3-1　人类视觉和工业视觉特点比较

项　目	人类视觉	工业视觉
适应性	适应性强,可在复杂及变化的环境识别目标	适应性差,容易受复杂背景及环境变化影响
智能	具有高级智能,可运用逻辑分析及推理能力识别变化的目标,并能总结规律	虽然可利用人工智能及神经网络技术,但智能很差,不能很好地识别变化的目标
彩色识别能力	对色彩的分辨能力强,但容易受人的心理影响,不能量化	受硬件条件的制约,一般的图像采集系统对色彩的分辨能力较差,但具有可量化的优点
灰度分辨力	差,一般只能分辨 64 个灰度级	受硬件条件的制约,一般的图像采集系统对色彩的分辨能力较差,但具有可量化的优点。目前一般使用 256 灰度级,采集系统可具有 10 位、12 位、16 位等灰度级
空间分辨力	分辨率较差,不能观看微小的目标	目前有 4K×4K 的面阵摄像机和 8K 的线性阵列摄像机,通过配置各种光学镜头,可以观测小到微米大到天体的目标
速度	0.1 s 的视觉暂留使人眼无法看清较快速运动的目标	快门时间可达到 10 μs 左右,高速相机帧率可达到 1 000 帧每秒(fps)以上,处理器的速度越来越快
感光范围	400～750 nm 范围的可见光	从紫外到红外的较宽光谱范围,甚至还有 X 射线等特殊波段
环境要求	对环境的适应性差	对环境适应性强
观测精度	精度低,无法量化	精度高,可到微米级,易量化
其他	主观,受心理影响,易疲劳	客观,可连续工作

2.工业视觉系统组成

工业视觉系统是由图像采集系统、图像处理系统及信息综合分析处理系统构成的。工业视觉广泛运用于仪表板智能集成测试系统、金属板表面自动控制系统、汽车车身检测系统、纸币印刷质量检测、智能交通管理、金相分析、医学成像分析和流水线生产检测等。

一个典型的基于计算机的视觉系统由工业相机与工业镜头、光源、传感器、图像采集卡、计算机平台、视觉处理软件和控制单元七部分组成。各部分之间相互配合,最终完成其检测要求。基于计算机的工业视觉系统如图 4.3-2 所示。

(1)工业相机与工业镜头

工业相机与工业镜头这部分属于成像器件,通常的视觉系统都是由一套或者多套这样的成像系统组成。如果有多路相机,可能由图像采集卡切换来获取图像数据,也可能由同步控制同时获取多相机通道的数据。根据应用的需要,相机可能输出标准的单色视频(RS-170/CCIR)、复合信号(Y/C)、RCB 信号,也可能输出非标准的逐行扫描信号、线扫描信号、高分辨率信号等。

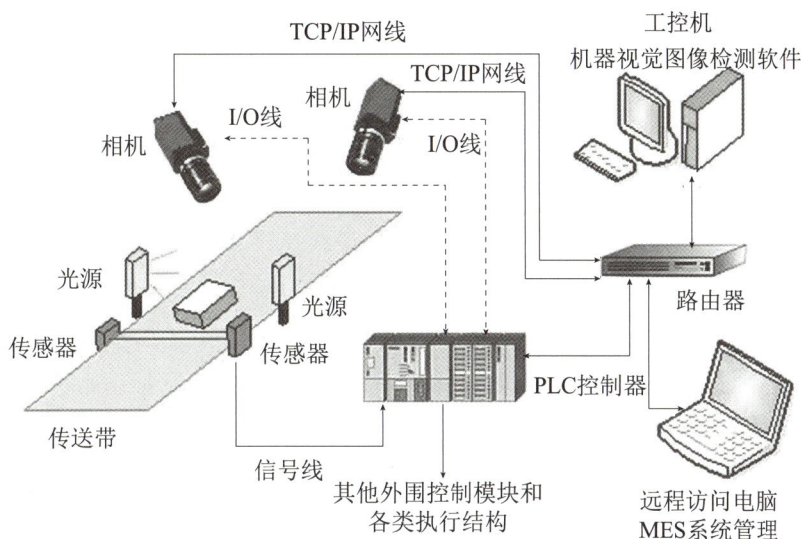

图 4.3-2　基于计算机的工业视觉系统

（2）光源

光源作为辅助成像器件，对成像质量往往能起到至关重要的作用，各种形状的 LED 灯、高频荧光灯、光纤卤素灯等都易于获取。

（3）传感器

传感器通常以光纤开关、接近开关等形式出现，用以判断被测对象的位置和状态，告知图像传感器进行正确的采集。

（4）图像采集卡

图像采集卡通常以插入卡的形式安装在 PC 中，图像采集卡的主要工作是把相机输出的图像输送给电脑主机。它将来自相机的模拟或数字信号转换成一定格式的图像数据流，同时它可以控制相机的一些参数，比如触发信号、曝光/积分时间、快门速度等。图像采集卡通常有不同的硬件结构以针对不同类型的相机，同时也有不同的总线形式，比如 PCI、PCI64、Compact PCI、PCI04、ISA 等。

（5）计算机平台

计算机是计算机式视觉系统的核心，用于完成图像数据的处理和绝大部分的控制逻辑。对于检测类型的应用，通常都需要较高频率的 CPU，这样可以减少处理的时间。同时，为了减少工业现场电磁、振动、灰尘、温度等的干扰，必须选择工业级的电脑。

（6）视觉处理软件

机器视觉软件用于处理输入的图像数据，并通过一定的运算得出结果，这个输出的结果可能是 PASS/FAIL 信号、坐标位置、字符串等。常见的机器视觉软件以 C/C++图像库、Activex 控件、图形式编程环境等形式出现，既可以是专用功能[比如仅仅用于 LCD（液晶屏）检测、BGA（球栅阵列）检测、模板对准等]，也可以是通用功能（包括定位、测量、条码/字符识别、斑点检测等）。

（7）控制单元

控制单元包含 I/O、运动控制、电平转化单元等，一旦视觉软件完成图像分析（除非仅用于监控),紧接着需要和外部单元进行通信以完成对生产过程的控制。简单的控制可以直接利用部分图像采集卡自带的I/O,相对复杂的逻辑/运动控制则必须依靠附加可编程逻辑控制单元/运动控制卡来实现必要的动作。

3.工业视觉的主要参数

微课:工业视觉的主要参数及典型应用

常见的工业视觉系统主要参数有焦距、光圈、景深、分辨率、曝光方式、图像亮度、图像对比度、图像饱和度、图像锐化等。

(1)焦距

焦距是指从镜头的中心点到胶平面(胶片或CCD)上所形成的清晰影像之间的距离。注意区分相机的焦距与单片凸透镜的焦距是两个概念,因为相机上安装的镜头是由多片薄的凸透镜组成,单片凸透镜的焦距是平行光线汇聚到一点,这个点到凸透镜中心的距离。焦距的大小决定着视角大小,焦距数值小,视角大,所观察的范围也大;焦距数值大,视角小,观察范围也小。

(2)光圈

光圈是一个用来控制光线通过镜头,进入机身内感光面光量的装置。它通常位于镜头内,对于已经制造好的镜头,我们不可以随意改变镜头的构造,但是可以通过在镜头内部加入多边形或者圆形,并且面积可变的孔径光栅来调节镜头通光量,这个装置就是光圈。当光线不足时,我们把光圈调大,自然可以让更多光线进入相机,反之亦然。除了调整进光量之外,光圈还有一个重要的作用是调整画面的景深。

(3)景深

景深是指在被摄物体聚焦清楚后,在物体前后一定距离内,其影像仍然清晰的范围。景深随镜头的光圈值、焦距、拍摄距离而变化,光圈越大,景深越小(浅);光圈越小,景深越大(深)。焦距越长,景深越小;焦距越短,景深越大。距离拍摄物体越近时,景深越小;拍摄距离越远,景深越大。

(4)分辨率

图像分辨率可以看成图像的大小。分辨率高,图像就大,更清晰;反之分辨率低,图像就小。图像分辨率指图像中存储的信息量,是每英寸图像内有多少个像素点,即像素每英寸,单位为PPI(pixels per inch),因此放大图像便会提高图像的分辨率,图像分辨率大,图像更大,更加清晰。

例如:一张图片分辨率是500像素×200像素,也就是说这张图片在屏幕上按1∶1放大时,水平方向有500个像素点(色块),垂直方向有200个像素点(色块)。

(5)曝光方式

对于线阵相机,通常采用逐行曝光的方式,可以选择固定行频和外触发同步的采集方式,曝光时间可与行周期一致,也可以设定一个固定的时间;面阵工业相机有帧曝光、场曝光和滚动行曝光等几种常见方式;数字工业相机一般都提供外触发采图的功能。

(6)图像亮度

图像亮度是图像的明暗程度,数字图像 $f(x,y)=i(x,y)r(x,y)$,如果灰度值在$[0,255]$之间,则 f 值越接近 0,亮度越低,f 值越接近 255,亮度越高。

（7）图像对比度

图像对比度指的是图像暗和亮的差值，即图像最大灰度级和最小灰度级之间的差值。

（8）图像饱和度

图像饱和度指的是图像颜色种类的多少，图像的灰度级是$[L_{min}, L_{max}]$，则在L_{min}、L_{max}之间的中间值越多，代表图像的颜色种类越多，饱和度也就越高，外观上看起来图像会越鲜艳。调整饱和度可以修正过度曝光或者未充分曝光的图片。

（9）图像锐化

图像锐化是补偿图像的轮廓，增强图像的边缘及灰度跳变的部分，使图像变得清晰。图像锐化在实际图像处理中经常用到，因为在做图像平滑、图像滤波处理时，经常会丢失图像的边缘信息，通过图像锐化便能够增强突出图像的边缘、轮廓。

4. 工业视觉的典型应用

工业视觉主要有图像识别、图像检测、视觉定位、物体测量和物体分拣五大典型应用。

（1）图像识别

图像识别是利用工业视觉对图像进行处理、分析和理解，以识别各种不同模式的目标和对象。如图 4.3-3 所示为二维码识别，将大量的数据信息存储在二维码中，通过条码对产品进行跟踪管理，通过机器视觉系统，可以方便对各种材质表面的条码进行识别读取，大大提高了现代化生产的效率。

图 4.3-3　二维码识别

（2）图像检测

人工检测存在着较多的缺点，人工检测准确性低，并且检测速度慢，容易影响整个生产过程的效率。因此，机器视觉检测设备在图像检测的应用方面也非常广泛。如图 4.3-4 所示为玻璃表面瑕疵缺陷检测，能快速、准确地检测出玻璃的各种缺陷和不合格项，进行瑕疵识别处理。

（3）视觉定位

视觉定位要求工业视觉系统能够快速准确地找到被测零件并确认其位置。如图 4.3-5 所示，为了使锂电池达到良好的注液效果，往往会使用机器视觉来进行电池注液孔定位，检测注液孔的位置，定位胶塞孔洞的中心及金属钉的角度。

图 4.3-4　玻璃表面瑕疵缺陷检测

图 4.3-5　注液孔定位

（4）物体测量

工业视觉的工业应用最大的特点是其非接触测量技术，同样具有高精度和高速度的性能，但非接触无磨损，消除了接触测量可能造成的二次损伤隐患。

如图 4.3-6 所示，机器视觉系统能够快速准确地找到被测零件并确认其位置，设备需要按照机器视觉取得芯片位置信息调整拾取。

（5）物体分拣

物体分拣应用是建立在识别、检测之后的一个环节，通过工业视觉系统将图像进行处理，实现分拣，如图 4.3-7 所示。

动画：视觉分拣

图 4.3-6　物体测量

图 4.3-7　物体分拣

二、视觉检测装置配置

完成工业机器人的视觉检测装置的配置，需要经历 3 个环节，分别是安装视觉检测模块、调试相机参数及法兰图像训练，以及测试相机数据。

1.安装视觉检测模块

工业机器人视觉检测模块的安装需要完成模块安装、通信线连接、电源线连接和局域网连接4 个步骤，具体安装方法如下：

① 步骤一：将视觉模块安装到输送带模块上方，如图 4.3-8 所示。

② 步骤二：安装视觉模块的通信线，一端连接到通用电气接口板上 LAN2 接口位置，另一端连接到相机通信口，如图 4.3-9 所示。

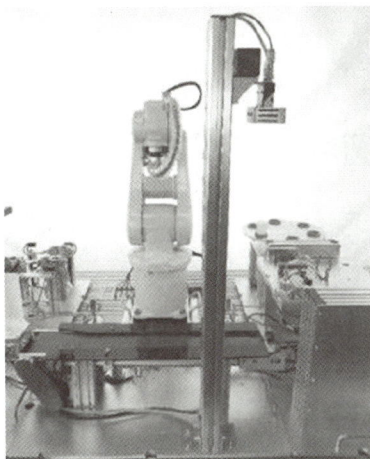

图 4.3-8　视觉模块安装

图 4.3-9　安装通信线

③ 步骤三:安装视觉模块的电源线,一端连接到通用电气接口板上 J7 接口位置,另一端连接到相机电源口,如图 4.3-10 所示。

④ 步骤四:安装局域网网线,将电脑和相机连接到同一局域网。网线一端接到电脑的网口,网线另一端接到通用电气接口板上的 LAN1 网口,如图 4.3-11 所示。

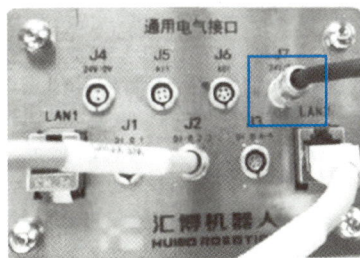

图 4.3-10　安装电源线

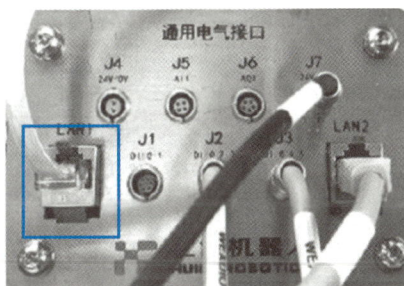

图 4.3-11　安装局域网网线

2. 调试相机参数及法兰图像训练

视觉参数的调试是为了得到高清画质的图形,获取更加准确的图形数据主要包括图像亮度、曝光、光源强度、焦距等参数。这些参数的调试需要在视觉编程软件中进行,具体调试步骤如下。

（1）测试相机网络

① 手动将计算机的 IP 地址设为 192.168.101.88,子网掩码为 255.255.255.0,点击"确定"完成 IP 设置,如图 4.3-12 所示。

② 打开 insight 软件,点击菜单栏中系统下的"将传感器添加到设备",输入相机的 IP 地址192.168.101.50,点击"应用",如图 4.3-13 所示。

③ 在开始运行中打开命令提示符窗口,输入:Ping 192.168.101.50,测试计算机与相机之间的通信。若能收发数据包,说明网络正常通信,如图 4.3-14 所示。

图 4.3-12　IP 地址设置

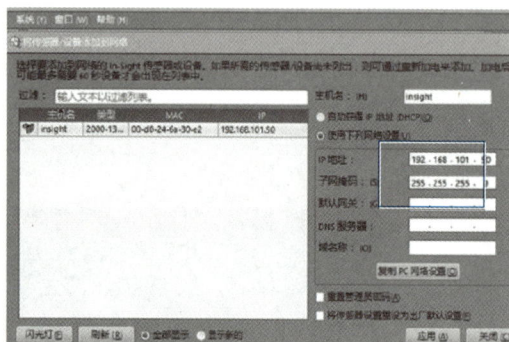

图 4.3-13　IP 地址应用

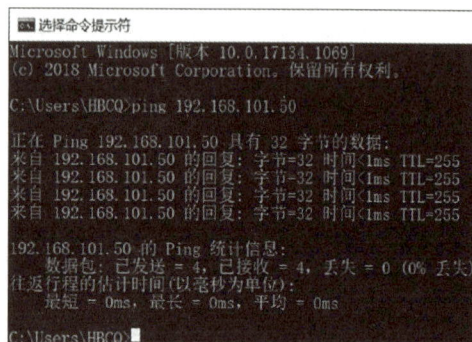

图 4.3-14　通信测试

（2）调试相机焦距

① 打开视觉编程软件 In-sight Explorer，如图 4.3-15 所示。

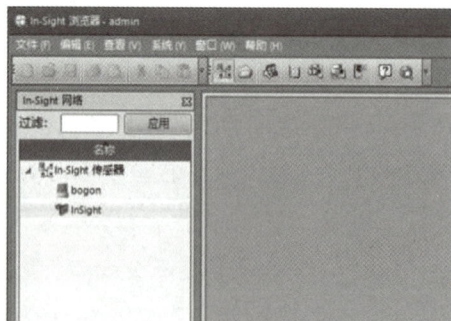

图 4.3-15　打开编程软件

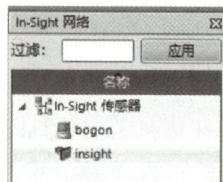

图 4.3-16　加载工程

② 双击"In-sight 网络"下的"insight"，自动加载相机中已保存的工程，如图 4.3-16 所示。

③ 相机模式设为实况视频模式，即相机进行连续拍照，如图 4.3-17 所示。

④ 相机实况视频拍照如图 4.3-18 所示，当前焦点为 4.12。

图 4.3-17　相机模式设置

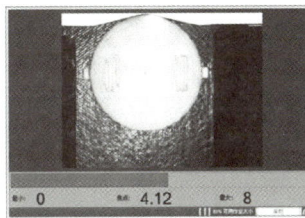

图 4.3-18　实况视频拍照图像

⑤ 使用一字螺丝刀,正逆时针旋转相机焦距调节器。直到相机拍照获得的图像清晰为止,如图 4.3-19 所示,当前焦点为 4.15。

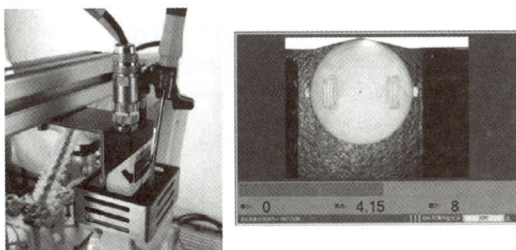

图 4.3-19　实况视频拍照图像

(3)调试图像亮度、曝光和光源强度(表 4.3-2)

表 4.3-2　图像亮度、曝光和光源强度调试

步　骤	操作内容	图　示
1	点击"应用程序步骤"下的"设置图像"	
2	选择"灯光—手动曝光",然后调试"目标图像亮度""曝光""光源强度"参数	
3	重复步骤 2,直到图像颜色和形状的清晰度满足要求为止	

（4）法兰工件的图像训练（表 4.3-3）

表 4.3-3　法兰工件的图像训练

步　骤	操作内容	图　示
1	打开 insight 软件，在"应用程序步骤—定位部件"下，在位置工具栏中双击图案工具后，把紫色的矩形框范围覆盖两个矩形凹槽的两端，点击"确定"	
2	在编辑工具下，把旋转公差改为−90～90，把名称改为"falan"，点击模型区域训练图像	
3	在"应用程序步骤—通信"下，选择"PROFINET"，在格式化输出数据下，添加 falan.Fixture.Angle，得到输出法兰的角度信息	
4	在"应用程序步骤—保存作业—In-Sight 传感器"下，名称为"falan.job"	

3.测试相机数据

完成视觉检测模块安装和相机参数调试后,机器人的相机检测配置已经基本完成,接下来要对相机数据进行测试,以确定相机检测质量,具体如表 4.3-4 所示。

表 4.3-4　相机数据测试

步骤	操作内容	图示
1	在视觉编程软件中,点击联机按钮,切换到联机模式	
2	① 打开通信调试助手,选择"TCP Client"模式。相机进行 TCP_IP 通信时,以相机为服务器,工业机器人或其他设备为客户端; ② 打开通信调试助手,输入相机的 IP 地址"192.168.101.50",端口号"3010",建立通信连接	
3	① 发送指令"admin"到相机,调试助手到相机返回的数据"Password"; ② 发送指令"回车"到相机,调试助手收到相机返回的数据"User Logged In"	
4	发送指令"se8"到相机,控制相机执行一次拍照,调试助手收到相机返回的数据"1",代表指令发送成功	
5	发送 GVFlange.Fixture.X 到相机,调试助手收到相机返回的数据"1 156.105"("1"代表指令发送成功,"156.105"代表工件在 X 方向的位置)	

三、相机通信配置

ABB 工业机器人提供了丰富的通信接口,如 ABB 标准通信接口,不仅可以与 PLC 的现场总线通信,还可以与工业视觉模块和计算机进行通信,轻松实现与周边设备的通信和控制。

1.Socket 通信相关指令

ABB 工业机器人在进行 Socket 通信编程时,常用的指令包括 SocketClose、SocketCreate、SocketConnect、SocketGetstatus、SocketSend、SocketReceive、StrPar、StrToVal 和 StrLen。

Socket 指令在示教器中调用画面,如图 4.3-20 所示。Socket 常用指令说明及示例如表 4.3-5 所示。

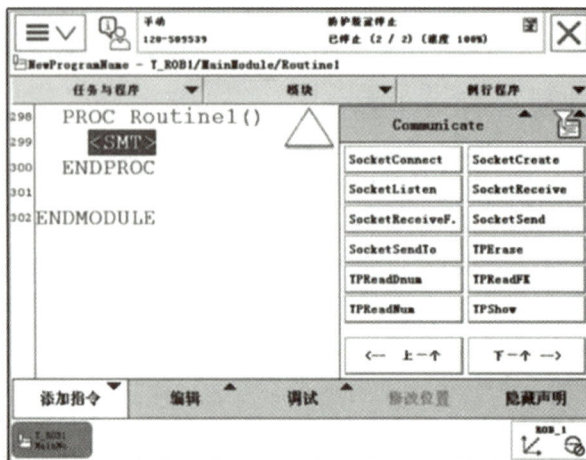

图 4.3-20　Socket 指令

表 4.3-5　Socket 常用指令及其说明

指令	SocketClose Socket	功能：关闭套接字
参数	Socket	有待关闭的套接字
示例	SocketClose Socket1;关闭套接字	
指令	SocketClose Socket	功能：创建 Socket 套接字
参数	Socket	用于存储系统内部套接字数据的变量
示例	SocketCreate Socket1;创建套接字 Socket1	
指令	SocketConnect Socket,Address,Port	功能：创建 Socket 连接
参数	Socket	有待连接的服务器套接字,必须创建尚未连接的套接字
	Address	远程计算机的 IP 地址,不能使用远程计算机的名称
	Port	位于远程计算机上的端口
示例	SocketConnect Socket1,"192.168.0.1",1025; 尝试与 IP 地址 192.168.0.1 和端口 1025 处的远程计算机相连	
指令	SocketGetStatus(Socket)	功能：获取套接字当前的状态
参数	Socket	用于存储系统内部套接字数据的变量
示例	state:=SocketGetStatus(Socket1);返回 Socket1 套接字当前状态	
套接字状态	Socket_CREATED、Socket_CONNECTED、Socket_BOUND、Socket_LISTENING、Socket_CLOSED	
指令	SocketSend Socket[\Str]\[\RawData]\[\Data]	功能：发送数据至远程计算机
参数	Socket	在套接字接收数据的客户端应用中,必须已经创建和连接套接字
	[\Str]\[\RawData]\[\Data]	将数据发送到远程计算机。同一时间只能使用可选参数\Str、\RawData 或\Data 中的一个

162

示例	SocketSend Socket1 \Str := "Hello world";将消息"Hello world"发送给远程计算机	
指令	SocketReceive Socket[\Str]\[\RawData]\[\Data]	功能:接收远程计算机数据
参数	Socket	在套接字接收数据的客户端应用中,必须已经创建和连接套接字参数
	[\Str]\[\RawData]\[\Data]	应当存储接收数据的变量。同一时间只能使用可选参数\Str、\RawData 或\Data 中的一个
示例	SocketReceive Socket1 \Str := str_data;从远程计算机接收数据,并将其存储在字符串变量 str_data 中	
指令	StrPart(Str ChPos Len)	功能:获取指定位置开始长度的字符串
参数	Str	字符串数据
	ChPos	字符串开始位置
	Len	截取字符串的长度
示例	Part:=StrPart("Robotics", 1,5);变量 Part 的值为"Robot"	
指令	StrToVal(Str Val)	功能:将字符串转化为数值
参数	Str	字符串数据
	Val	保存转换得到的数值的变量
示例	ok:=StrToVal("3.14", nval);变量 nval 的值为 3.14	
指令	StrLen(Str)	功能:获取字符串的长度
参数	Str	字符串数据
示例	len:= StrLen("Robotics");变量 len 的值为 8	

2.相机通信流程

工业机器人与相机的通信采用后台任务执行的方式,即工业机器人和相机的通信及数据交互在后台任务执行,工业机器人的动作及信号输入输出在工业机器人系统任务执行,后台任务和工业机器人系统任务是并行运行的。后台任务中,工业机器人获取相机图像处理后的数据通过任务间的共有变量共享给工业机器人系统任务;工业机器人系统任务中,根据后台任务共享得到的数据,控制工业机器人执行相应的程序。

通过分析上述工业机器人与相机的通信流程,现将工业机器人与相机的通信程序分为以下子程序:

① 工业机器人与相机建立 Socket 连接程序;

② 工业机器人发送拍照指令控制程序;

③ 工业机器人获取相机数据程序。

为完成工业机器人与相机的通信程序,必须先在工业机器人系统中配置后台任务,并创建 Socket 及其相关变量,最后编写上述子程序。

工业机器人与相机的通信流程如图 4.3-21 所示。

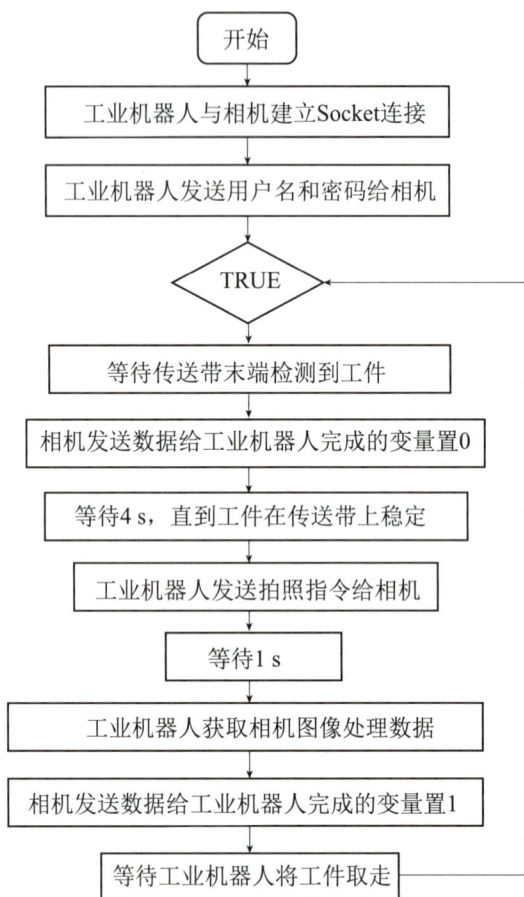

图 4.3-21　通信流程

3.配置相机通信任务

配置相机通信任务具体操作如表 4.3-6 所示。

表 4.3-6　配置相机通信任务

步　骤	操作内容:配置相机通信任务	图　示
1	在 ABB 示教器中,点击进入"系统属性—控制模块—选项"。确认系统中是否有选项"632-1 Multitasking"。只有存在该选项的系统才可以创建多个任务	

步　骤	操作内容:配置相机通信任务	图　示
2	依次选择"控制面板—配置系统参数",打开配置系统参数界面。点击"主题",选择"Controller",之后打开"Task"	
3	进入 Task 任务界面。 TROB1 是默认的机器人系统任务,用于执行工业机器人运动程序。 点击"添加",创建工业机器人与相机通信的后台任务	
4	配置工业机器人与相机通信的后台任务。 Task:CameraTask Type:Normal 其他参数默认。点击"确定" 重启工业机器人控制器	
5	系统重启后,按照"控制面板—配置—Controller"路径,打开 Task 面板,此时界面中就多一个CameraTask 任务	

续表

步　骤	操作内容:配置相机通信任务	图　示
6	返回主菜单,点击程序编辑器,选中 CameraTask,在出现的界面中选择"新建"	
7	系统会自动新建模块"MainModule"以及程序"main",完成相机通信任务的配置	

4.创建 Socket 及其变量

工业机器人与相机通信所需要用到的 Socket 及其相关变量如表 4.3-7 所示。Part Type、Rotation、Cam Send Data To Rob 为 Camera Task 和 T_ROB1 任务共享的变量,其存储类型必须为可变量,Camera Task 和 T_ROB1 必须同时具有以上变量。

表 4.3-7　Socket 及其相关变量

序号	变量名称	变量类型	存储类型	所属任务	变量说明
1	Com Socket	Socketdev	默认	CameraTask	与相机 Socket 通信套接字设备变量
2	Str Received	string	变量	CameraTask	接收相机数据的字符串变量
3	Part Type	num	可变量	CameraTask	1:减速器工件;2:法兰工件
4	Rotation	num	可变量	CameraTask	相机识别工件的旋转角度
5	Cam Send Data To Rob	bool	可变量	CameraTask	相机处理数据完成信号

CameraTask 任务中创建 Socket 相关变量的步骤如表 4.3-8 所示。

表 4.3-8　创建 Socket 变量

步　骤	操作内容:创建 Socket 变量	图　示
1	打开"主菜单—程序数据—视图—全部数据类型",点击"更改范围"	
2	将任务参数改为"Camera Task" 点击"确定"	
3	选中数据类型"socketdev",点击"显示数据"	
4	点击"新建",创建 Socketdev 类型变量	

续表

步　骤	操作内容:创建 Socket 变量	图　示
5	名称:ComSocket 范围:全局 任务:CameraTask 模块:MainModule 设置完成后,点击"确定"	
6	参照上述方法,选中数据类型"string",新建变量"strReceived"。 变量名称:strReceived; 存储类型:变量; 任务:CameraTask	
7	参照上述方法,选中数据类型"num",新建变量"Part Type"。 变量名称:PartType; 存储类型:可变量; 任务:CameraTask	
8	参照上述方法,选中数据类型"num",新建变量"Rotation"。 变量名称:Rotation; 存储类型:可变量; 任务:CameraTask	

续表

步　骤	操作内容:创建 Socket 变量	图　示
9	参照上述方法,选中数据类型"bool",新建变量"CamSendDataToRob"。 变量名称:CamSendDataToRob; 存储类型:可变量; 任务:CameraTask	

四、相机通信程序编写

1.编写 Socket 通信程序

工业机器人与相机通信时,相机作为服务器,工业机器人作为客户端。Socket 通信例行程序的流程如下:

① 工业机器人与相机建立 Socket 连接;

② 工业机器人发送用户名("admin\0d\0a")给相机,相机返回确认信息;

③ 工业机器人发送密码("0d\0a")给相机,相机返回确认信息。

工业机器人与相机的 Socket 通信例行程序,如图 4.3-22 所示。

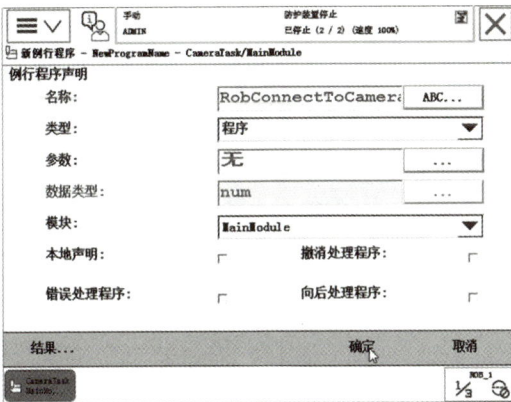

（a）新建RobConnectToCamera例行程序

（b）RobConnectToCamera子程序

图 4.3-22　Socket 通信例行程序

Socket 通信例行程序说明,如表 4.3-9 所示。

2.编写相机拍照控制程序

工业机器人与相机通信时,相机作为服务器,工业机器人作为客户端。创建相机拍照例行程序 SendCmdToCamera,如图 4.3-23 所示。

表 4.3-9　Socket 通信例行程序说明

行　号	示例程序	程序说明
1	PROC RobConnectToCamera	RobConnectToCamera 例行程序开始
2	SocketClose ComSocket；	关闭套接字设备 ComSocket
3	SocketCreate ComSocket；	创建套接字设备 ComSocket
4	SocketConnect ComSocket，"192.168.101.50",3010	连接相机 IP:192.168.101.50,端口:3010
5	SocketReceive ComSocketStr.＝strReceived；	接收相机数据并保存到变量 strReceived
6	TPWrite strReceived；	将 strReceived 数据显示在示教盒界面上
7	SocketSend ComSocketlStr：＝"adminlOdiOa"；	发送用户名 admin,\0d\0a 代表回车换行
8	SocketReceive ComSocketiStr：＝strReceived；	接收相机数据存到变量 strReceived
9	TPWrite strReceived；	将 strReceived 数据显示在示教盒界面上
10	SocketSend ComSockettStr：＝"0di0a"；	发送密码数据到相机,密码数据:\0d\0a
11	SocketRecelve ComSocketlStr：＝strReceived；	接收相机数据存到变量 strReceived
12	TPWrite strReceivedl	将 strReceived 数据显示在示教盒界面上
13	ENDPROC	RobConnectToCamera 例行程序结束

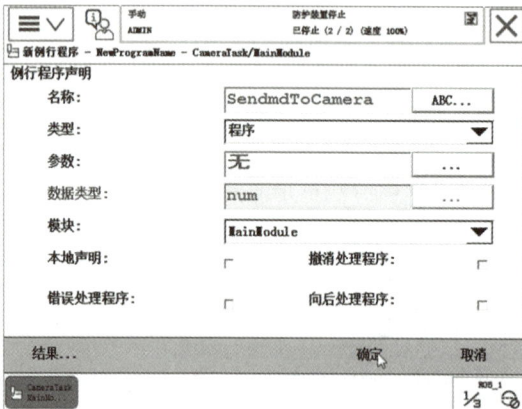

（a）新建SendCmdToCamera例行程序　（b）SendCmdToCamera子程序

图 4.3-23　SendCmdToCamera 例行程序

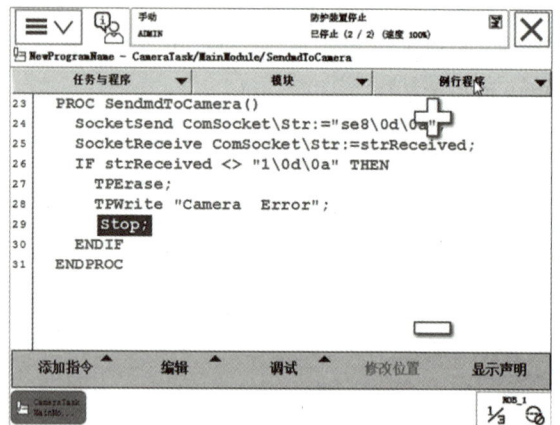

相机拍照例行程序 SendCmdToCamera 说明如表 4.3-10 所示。

表 4.3-10　Socket 通信例行程序说明

行　号	示例程序	程序说明
1	PROC SendmdToCamera（）	SendmdToCamera 例行程序开始
2	SocketSend ComSocketlStr：＝"se8l0dlOa"；	发送相机拍照控制指令:se8\0d\0a
3	SocketReceive ComSocketlStr：＝strReceived；	接收数据:1—拍照成功;不为 1—相机故障
4	IF strReceived ＜＞110d)Oa" THEN	使用 IF 指令判断相机是否拍照成功
5	TPErase；	示教盒画面清除;
6	TPWrite "Camera Error"	示教盒上显示"Camera Error"
7	STOP；	停止
8	ENDIF	判断结束
9	ENDPROC	SendmdToCamera 例行程序结束

3.编写数据转换程序

编写数据转化程序操作步骤如表 4.3-11 所示。

表 4.3-11　编写数据转换程序

步　骤	操作内容:编写数据转换程序	图　示
1	CameraTask 任务中新建功能程序"StringToNumData"。 类型:功能; 数据类型:num	
2	创建参数 strData,类型为 string	
3	进入功能程序"StringToNumData",添加指令":="	
4	＜VAR＞选择新建本地 string 类型变量:strData2。 ＜EXP＞选择 StrPart 指令,并输入相应的参数。 Str Part 指令用于拆分字符串并返回得到的字符串。 StrData:程序参数; Str Data2:程序本地变量	

续表

步　骤	操作内容:编写数据转换程序	图　示
5	使用赋值指令将 string 数据类型转换成 num 数据类型。 StrToVal 指令用于将字符串转换为数值,返回值为 1 代表转换成功;返回值为 0 代表转换失败	
6	使用 RETURN 指令返回数据 numData	

数据转换例行程序 StringToNumData 说明如表 3.4-12 所示。

表 3.4-12　StringToNumData 例行程序说明

行　号	示例程序	程序说明
1	PROC num StringToNumData (string strData)	StringToNumData 例行程序开始
2	strData2:＝ StrPart (strData,4,StrLen(strData)－3);	分割字符串,获取工件类型数据字符串
3	ok:＝StrToVal (strData2,numData);	将工件类型数据字符串转化为数值
4	RETURN numData;	使用 RETURN 指令返回数据 numData
5	ENDPROC	StringToNumData 例行程序结束

4.编写获取相机图像数据程序

工业机器人要获取相机图像数据,必须向相机发送特定的指令,然后用数据转换程序将接收到的数据转换成想要的数据。在 CameraTask 任务中新建例行程序"Get Camera Data",编程获取相机图像数据程序。获取相机图像数据例行程序的创建如图 4.3-24 所示。

GetCameraData 例行程序说明如表 4.3-13 所示。

（a）新建GetCameraData例行程序　　　　（b）GetCameraData子程序

图 4.3-24　GetCameraData 例行程序

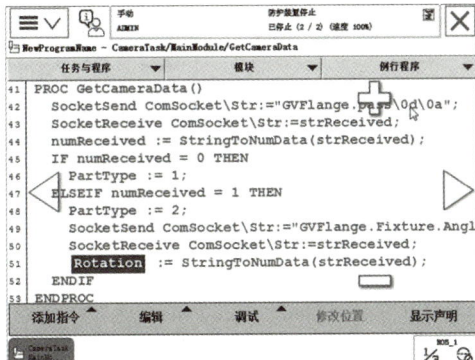

表 4.3-13　GetCameraData 例行程序说明

行　号	示例程序	程序说明
1	PROC GetCameraData（）	GetCameraData 例行程序开始
2	SocketSend ComSocket\Str：="GVFlange．Pass\0d'0a"；	发送识别工件类型指令
3	SocketReceive ComSocket\Str：=strReceived；	接收相机数据并保存到 strReceived
4	numReceived：=StringToNumData(strReceived)；	将数据转换并赋值给 numReceived
5	IF numReceived=0 THEN	如果 numRecoived 为 0
6	Part Type：=1；	当前工件为减速机,PartType 设为 1
7	ELSEIF numReceived=1 THEN	如果 numReceived 为 1
8	Part Type：=2；	当前工件为法兰,PartType 设为 2
9	SocketSend ComSocket\Str：=" GVFlange．Fixture．Angle\od\0a"；	发送获取工件旋转角度指令
10	SocketReceive ComSocket\Str：=strReceived；	接收相机数据并保存到 strReceived
11	Rotation：= StringToNumData(strReceived)；	将接收到的数据转换并赋值给 Rotation
12	ENDIF	判断结束
13	ENDPROC	GetCameraData 例行程序结束

5．编写相机任务主程序

按照工业机器人与相机通信流程,编写工业机器人与相机通信主程序。相机任务主程序的创建,如图 4.3-25 所示。

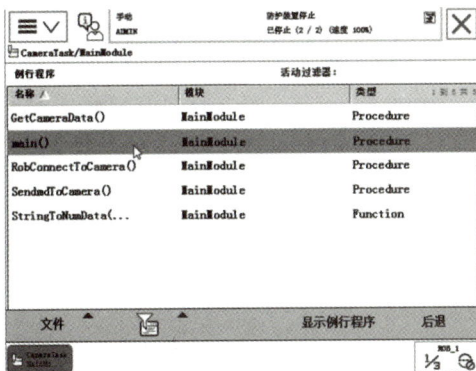

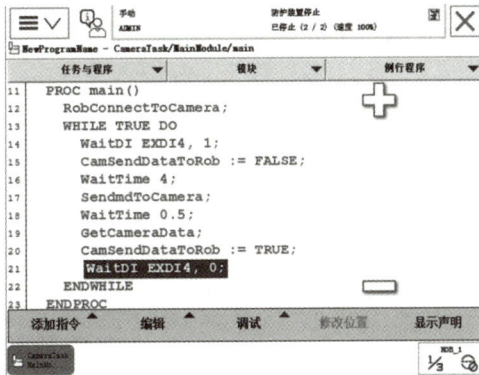

图 4.3-25　相机任务(CameraTask)主程序的创建

CameraTask 主程序及其说明如表 4.3-14 所示。

表 4.3-14　CameraTask 主程序说明

行　号	示例程序	程序说明
1	ROC main ()	相机任务（CameraTask）主程序开始
2	RobConnectToCamera;	调用例行程序"RobConnectToCamera"
3	WHILE TRUE DO	使用循环指令 WHILE，参数设为 TRUE
4	WaitDI EXDI4，1;	等待皮带运输机前限光电开关信号置 1
5	CamSendDataToRob：= FALSE;	相机处理数据完成信号置 0
6	WaitTime 4;	等待 4 秒
7	SendCmdToCamera;	调用相机拍照控制程序
8	WaitTime 0.5;	等待 0.5 秒
9	GetCameraData;	调用获取相机图像数据程序
10	CamSendDataToRob：= TRUE;	相机处理数据完成信号置 1
11	WaitDI EXDI4，0;	等待皮带运输机前限光电开关信号置 0
12	ENDWHILE	WHILE 循环结束
13	ENDPROC	main 主程序结束

课程总结

本学习任务主要聚焦于 ABB 工业机器人与其周边设备的调整相关知识，内容涵盖工业机器人与多个重要设备之间的通信交流，包括与 Robotstudio 的协同作业、与 PLC（可编程逻辑控制器）的信号交换，以及与相机视觉系统的信息传递等。通过深入探讨这些通信方式和操作技巧，学生将能够全面掌握工业机器人与其外围设备的通信方式，为他们将来从事工业机器人操作工这一岗位打下坚实的基础，使他们能够更好地理解和应用工业机器人的各项功能，提升工作效率和准确性。

课堂小测

一、单选题

1.RobotStudio 软件的主要功能不包括以下哪项？（　　）

A.离线作业功能　　　B.便捷的监控　　　C.程序修改　　　D.系统备份

2.PLC 与工业机器人通信的主要目的是（　　）。

A.实现 PLC 与工业机器人的协同工作　　　B.控制工业机器人的运动和动作

C.获取工业机器人的反馈信息　　　D.减少工业机器人的故障率

3.在 RobotStudio 中，虚拟 I/O 信号的主要用途是（　　）。

A.用于实际生产中的机器人操作

B.用于机器人系统的实际通信

C. 用于与外部设备进行通信和数据交换的练习和测试

D. 用于机器人系统的实际定位

4. 视觉技术在工业机器人中的应用主要体现在以下哪些方面？（　　）

A. 检测、测量、识别、分类和分拣　　　　　　B. 装配过程的自动化

C. 工业产品的质量控制　　　　　　　　　　D. 工业机器人的运动控制

5. 获取字符串的长度的指令是（　　）。

A. SocketClose Socket　　　　　　　　　　B. SocketGetStatus(Socket)

C. StrLen(Str)　　　　　　　　　　　　　　D. StrToVal(Str Val)

二、多选题

1. 下列选项中，属于工业视觉系统应用的是（　　）。

A. 装配定位　　　　　　B. 产品质量检测　　　　　C. 产品识别　　　　　　D. 产品尺寸测量

2. 下列选项中，工业视觉系统的组成包括（　　）。

A. 图像采集系统　　　　　　　　　　　　　B. 图像处理系统

C. 信息综合分析处理系统　　　　　　　　　D. 信息中枢处理系统

三、判断题

1. 在工业机器人的实际运行中，为了配合实际的需要，可以在线对 RAPID 程序进行多方面的调整，包括修改或增减程序指令。　　　　　　　　　　　　　　　　　　　　（　　）

2. 图像采集卡通常以插入卡的形式安装在 PC 中，图像采集卡的主要工作是把相机输出的图像输送给电脑主机。　　　　　　　　　　　　　　　　　　　　　　　　　　　（　　）

3. 为完成工业机器人与相机的通信程序，必须先在工业机器人系统中配置后台任务，并创建 Socket 及其相关变量，最后编写上述子程序。　　　　　　　　　　　　　　　　（　　）

4. 工业机器人要获取相机图像数据，必须向相机发送特定的指令，然后用数据转换程序将接收到的数据转换成想要的数据。　　　　　　　　　　　　　　　　　　　　　　（　　）

四、填空题

1. 为了将程序中机器人的最高速度限制到_____ mm/s，要在一个程序中移动指令的开始位置之前添加一条_____指令。

2. 工业视觉系统是用于_____、工件加工和_____以及生产过程的控制和监视的图像识别机器。

3. 工业视觉系统具有_____、高柔性、_____等特点。

4. 一个典型的基于计算机的视觉系统由_____与工业镜头、光源、传感器、_____、计算机平台、视觉处理软件和控制单元七部分组成。

"课堂小测"参考答案

学习任务 1

一、单选题
1.C 2.D 3.B 4.B 5.C

二、多选题
1.BCD 2.ABCD

三、判断题
1.√ 2.√ 3.× 4.×

四、填空题
1.传动部件 机身
2.控制柜 指挥中枢
3.急停按钮 使能按钮
4.高压线路 高压部件

学习任务 2

一、单选题
1.C 2.B 3.C 4.A 5.C

二、多选题
1.ABCD 2.ABCD

三、判断题
1.√ 2.× 3.√ 4.√

四、填空题
1.事件例程(Event Routine)
2.I/O 输入/输出
3.外围设备 离散信号
4.常用信号

学习任务 3

一、单选题
1.D 2.A 3.A 4.B 5.D

二、多选题
1.ABCD 2.ABC

三、判断题
1.√ 2.× 3.√ 4.√

四、填空题
1.T(加工时间)/Q(生产数量)
2.TPErase
3.指令 程序数据
4.单分支结构 多分支结构

学习任务 4

一、单选题
1.A 2.A 3.C 4.A 5.C

二、多选题
1.ABCD 2.ABC

三、判断题
1.× 2.√ 3.√ 4.√

四、填空题
1.1000 速度设定
2.自动检验 装配自动化
3.高效率 高自动化
4.工业相机 图像采集卡

参考文献

[1]杨杰忠,王振华,朱利平.工业机器人技术基础[M].北京:电子工业出版社,2017.

[2]杨杰忠,邹火军.工业机器人操作与编程[M].北京:机械工业出版社,2017.

[3]许松.工业机器人工作站调整[M].北京:中国劳动社会保障出版社,2021.

[4]黄力,徐忠想,康亚鹏.工业机器人工作站维护与保养[M].北京:机械工业出版社,2019.

[5]陈小艳,郭炳宇,林燕文.工业机器人现场编程(ABB)[M].北京:高等教育出版社,2018.

[6]王晓勇,武昌俊,许妍妩.工业机器人工作站操作与应用[M].北京:高等教育出版社,2019.

[7]周书兴.工业机器人工作站系统与应用[M].北京:机械工业出版社,2020.

国家技能人才培养工学一体化系列教材

工业机器人
工作站调整

工作页

苏士超　丁彬云◎主编

厦门大学出版社
XIAMEN UNIVERSITY PRESS　国家一级出版社
全国百佳图书出版单位

图书在版编目（CIP）数据

工业机器人工作站调整. 工作页 / 苏士超，丁彬云主编；陈跃东，魏龙建，纪荣火副主编. -- 厦门：厦门大学出版社，2024. 12. --（国家技能人才培养工学一体化系列教材）. -- ISBN 978-7-5615-9431-5

Ⅰ. TP242.2

中国国家版本馆 CIP 数据核字第 2024PJ9376 号

工业机器人工作站调整·工作页
GONGYE JIQIREN GONGZUOZHAN TIAOZHENG·GONGZUOYE

策划编辑	张佐群
责任编辑	胡　佩
美术编辑	蔡炜荣
技术编辑	许克华

出版发行　厦门大学出版社

社　　址　厦门市软件园二期望海路 39 号

邮政编码　361008

总　　机　0592-2181111　0592-2181406(传真)

营销中心　0592-2184458　0592-2181365

网　　址　http://www.xmupress.com

邮　　箱　xmup@xmupress.com

印　　刷　厦门集大印刷有限公司

开　本　787 mm×1 092 mm　1/16

印　张　18.25

字　数　442 千字

版　次　2024 年 12 月第 1 版

印　次　2024 年 12 月第 1 次印刷

定　价　68.00 元（共 2 册）

本书如有印装质量问题请直接寄承印厂调换

厦门大学出版社
微信二维码

厦门大学出版社
微博二维码

前言
PREFACE

"工业机器人工作站调整"是工业机器人应用与维护专业的岗位核心课程,是依据《国家职业教育改革实施方案》提出的"三教"改革与产教融合理念,并依照本专业人才培养方案要求,以培养复合型技术技能人才为目标,通过开展行业调研和企业实践专家访谈会,将提取到的典型工作任务进行转化而形成的专业一体化课程。课程内容紧密结合德育元素,做到理实一体、德技并修。

"工业机器人工作站调整"课程基于企业典型工作任务,在课程项目中穿插相关岗位必备知识点与技能,侧重培养学生的应用能力。本课程的主要学习任务包括工业机器人工作站运动位置调整、工业机器人工作站产品换型调整、工业机器人工作站生产节拍调整、工业机器人工作站周边设备调整,可以作为相关专业的职业基础课程。

本书作为该课程的配套教材,在结构设置上将每个项目都分为工作页和信息页两个部分。工作页按照工学一体化的六大环节进行组织,包括获取信息、制定计划、做出决策、实施任务、过程控制和评价反馈,通过企业任务工单的驱动,最大限度地发挥学生的自主探究能力,实现边做边学的教育目标。信息页则提供了完成任务所需的知识点讲解,并穿插了"小贴士""想一想""延伸阅读""课堂小测"等环节,以帮助学生串联知识点,更好地理解和掌握课程内容。

特色创新

一、科学构建知识技能体系,实现工学一体化课程教学模式的覆盖

本书严格按照人力资源和社会保障部印发的《推进技工院校工学一体化技能人才培养模式实施方案》的要求,由开发团队经过多次研讨、论证,确定核心知识与技能体系,形成了融教、学、做、测、评为一体的教材内容和体系。

二、采用活页式、工作手册式设计方式,并配备丰富的教学资源

本书以学生为中心、以工作过程为导向,将企业的岗位要求和工作过程有机融入其中。此外,本书还配备丰富的教学资源,包括课前微课、动画等,方便教师使用及参考。

三、创新教学评价体系,多方面、多层次进行综合评价

本书在编写过程中,综合考虑教学活动的具体实施情况,将评价主体分为学生、小组和教师,

1

将评价维度分为课前预习、专业知识、学习态度、团队素养、任务实施、复盘总结和课后拓展,构建"三主体七维度"教学评价体系。通过对学生课前、课中和课后三个阶段的综合评价,全过程多元化考核学生的知识、技能和素养目标的达成程度。

四、采用"三段课、七环节"教学实施策略,有效达成学习目标

本书在编写过程中,为有效达成学习目标,采用"三段课、七环节"的教学实施策略。"三段课"分别是课前导学、课中研学和课后拓学。"七环节"分别是学、工、知、策、做、评、拓。

- 学——课前学习:课前自主预习新课内容,完成课前测试,检验预习效果。
- 工——明确任务:导入真实岗位的工作任务情景及内容,激发学生的学习兴趣,并明确本课的学习目标和重点内容。
- 知——获取信息:运用多种教学方法及手段对课程内容展开讲解。采用问题引导,激发学生对本课内容的思考,达到探究式学习目的;通过知识讲授,使本课重难点与所探究问题形成呼应,帮助学生吸收内化。
- 策——计划决策:各小组针对任务进行探讨,并做出最优实施计划的决策。
- 做——实施任务及检查反馈:各小组根据任务要求实施任务,并做好过程监控。实训操作过程与企业任务趋同,能提前让学生感知企业工作,培养职业意识。
- 评——评价反馈:召开复盘会,各小组进行成果展示,并进行综合评价。
- 拓——巩固拓展:课后引导学生自主探究,学以致用,延伸教学时空,实现知识迁移,帮助学生扩展视野。

五、坚持立德树人,落实思政及素养教学

本书将素养教学与职业技能相融合,充分挖掘"工业机器人工作站调整"课程中所蕴含的德育元素,在专业知识中融入与社会主义核心价值观、创新思维、服务意识、责任意识和社会责任感等相关的内容,以润物无声的方式将正确的价值观传递给读者。

本书可作为中职、高职院校工业机器人应用与维护相关专业的专业课程教材,同时也可供广大工业机器人应用从业人员和社会人士阅读参考。

在编写过程中,相关企业给予了大力支持,提供了大量的任务背景、案例、情景素材以及相关资料,在此深表感谢!

本书由厦门技师学院组编,由于时间较紧及编者水平有限,书中难免有不当及疏漏之处,恳请各界人士批评指正,并提出宝贵意见,以便本书日后再版时臻于完善。

编者
2024 年 11 月

目 录

CONTENTS

学习任务 1
工业机器人工作站运动位置调整

任务描述

【任务情景】

某汽车发动机生产企业现有一套工业机器人激光切割工作站,该工作站主要由 1 台六轴工业机器人、1 条输送带、1 个供料器、1 个仓库、1 套 PLC(programmable logic controller,可编程逻辑控制器)总控系统组成。在对设备保养时发现,部分点位偏差,现需重新对机器人运动位置进行调整,并做程序备份。生产班组长要求调试技术员在一天内完成调整工作。

【任务要求】

根据任务的情景描述,通过与生产班组长沟通,以独立或小组合作的方式,查阅设备使用说明书,制定工作计划,在规定时间内,按照厂家技术规范完成工业机器人工作站运动位置调整。

(1)查阅工作站使用说明书,分析并确定运动位置调整内容;

(2)制定工作站运动位置调整计划,在规定工期内完成对工业机器人工具的重新标定、运动轨迹的重新示教;

(3)将位置调整信息存档,对运动位置调整作业进行总结分析。

【任务资料】

完成上述任务时,可以使用所有的教学资料,如工作页、工作站调整方案、工业机器人操作说明书、工作站使用说明书、个人笔记等。

学习目标

序 号	学习环节	学 时	学习目标
1	获取工业机器人操作信息	8	能认知ABB工业机器人的系统组成
			能概述工业机器人安全操作规范,并能在工作中严格遵守
			能认知示教器的操作功能与使用方法
			能解释6种坐标系的含义
			能解释3种手动操纵运动模式
			能认知增量模式的用途
2	制定工业机器人运动示教计划	4	能根据任务要求,梳理任务实施的方法与操作步骤
			能制定工业机器人运动示教计划
3	做出工业机器人运动示教方案决策	2	能讨论已制定的工作计划并做出决策
			能提升分析和处理问题的能力
4	实施工业机器人精准点位示教任务	14	能完成工业机器人工作站的开关机操作
			能完成工业机器人的零点位置更新
			能完成工具坐标系的标定操作
			能完成工件坐标系的标定操作
5	工业机器人示教运动过程控制	6	能对工业机器人程序进行备份与恢复
			能在工作站出现危机时,对工业机器人进行紧急停止,并在处理完后进行复位
6	任务评价与反馈	2	能按分组情况,派代表展示工作成果,说明本次任务的完成情况,并做分析总结
			能结合任务完成情况,正确规范地撰写工作总结(心得体会)
			能辩证地看待问题,从多角度思考并做出独立的判断,养成独立思考的习惯

学习路径

序 号	学习环节	学习步骤	学习活动
1	获取工业机器人操作信息	认知工业机器人基本信息	获取工业机器人结构信息
			获取工业机器人系统组成信息
2		认知安全操作与防护	获取安全操作规范信息
			获取安全护具信息
3		认知工业机器人坐标系与手动操纵	获取工业机器人坐标系信息
			获取工业机器人手动操纵信息
4	制定工业机器人运动示教计划	制定计划	制定机器人运动示教手动操纵计划

续表

序　号	学习环节	学习步骤	学习活动
5	做出工业机器人运动示教方案决策	做出决策	小组讨论计划可行性,就最优方案做出决策
6	实施工业机器人精准点位示教任务	运动调整准备	工作站开关机
			零点位置更新
7		坐标系标定	工具坐标系标定
			工件坐标系标定
8		运行速度调整	机器人速度数据定义
9	工业机器人示教运动过程控制	过程安全控制	程序备份与恢复
			紧急停止与复位
10		过程质量控制	任务清查
			8S清查
11	任务评价与反馈	评价反馈	展示任务成果
12			记录意见建议
13			书写心得体会
14			考核计分

学习准备

硬件设备	防护用品	资　料
1台六轴工业机器人、1条输送带、1个供料器、1个仓库、1套PLC总控系统	安全帽、防护镜、口罩、耳塞、手套、工作服、劳保鞋	ABB工业机器人操作说明书、工作站使用说明书

任务工单

任务名称	工业机器人工作站运动位置调整		
任务负责人		任务接收时间	
任务下达者	生产班组长	要求完成时间	

工作任务说明:

技术员在一天内完成机器人运动位置的调整工作,并做程序备份。

(1)工具坐标要求:mass := 1　　X := 50　　Y := 0　　Z := 0

(2)工件坐标要求:X := 300 mm　　Y := 250 mm　　Z := -30 mm

(3)运行速度要求:v_tcp := 1000　　v_ori : 500

v_leax := 5000　　v_reax := 1000

情况记录：

任务等级	□一般	□重要	□紧急	□非常重要	□非常紧急
完成时间	□提前完成	□按时完成	□延期完成	□未能完成	
完成质量	□优秀	□良好	□一般	□差	

项目总结

将学生按每组 4～6 人分组，明确每组的工作任务。

班　　级		组　　号		指导老师	
组　　长		学　　号			
组　　员					
任务分工					

例：＿＿＿＿＿＿＿同学，主要负责＿＿＿＿＿＿＿＿＿＿＿＿＿＿＿＿＿＿＿＿工作。

学习环节 1　获取工业机器人操作信息

学习目标：

1. 能认知 ABB 工业机器人的系统组成；
2. 能概述工业机器人安全操作规范，并能在工作中严格遵守；
3. 能认知示教器的操作功能与使用方法；
4. 能解释 6 种坐标系的含义；
5. 能解释 3 种手动操纵运动模式；
6. 能认知增量模式的用途。

学习要求：

根据引导问题，从信息页中获取对应的信息，并在空白处填写答案。

建议课时：8 课时

步骤 1　认知工业机器人基本信息

活动 1　获取工业机器人结构信息

▶ 引导问题 1：工业机器人主要由_____、_____和_____三个基本部分组成。

▶ 引导问题 2：根据工业机器人结构划分的方式，请判断表 1.1-1 中各图片所示工业机器人的类型，并在图片右侧填写对应的工业机器人类型名称。

表 1.1-1　工业机器人类型判断

图　片	类　型	图　片	类　型

活动 2 获取工业机器人系统组成信息

▶️ 引导问题 3：图 1.1-1 是一个简易的工业机器人的系统组成，请说明图中标注的设备名称。

1	2
3	4

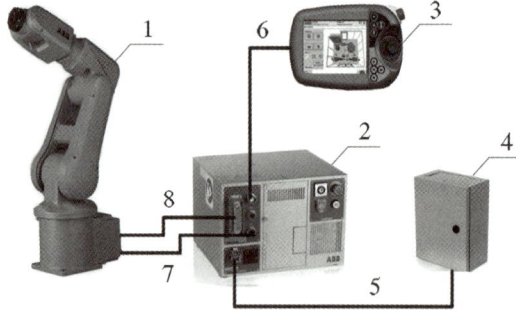

图 1.1-1 简易工业机器人系统组成

▶️ 引导问题 4：工业机器人本体是一个_____结构，是用于移动末端工具执行相关工艺过程的机械单元。图 1.1-2 所示机器人是一个常用的六轴工业机器人，请指出：其 1 轴至 6 轴分别是什么？有什么作用？

_____

_____

_____

图 1.1-2 常用六轴工业机器人

▶️ 引导问题 5：控制柜的作用是什么？

_____

_____

▶️ 引导问题 6：图 1.1-3 为 IRC5 紧凑型控制柜及其背面接口图。请思考 A 到 J 的按钮或接口名称并补全表格。

图 1.1-3 IRC5 紧凑型控制柜及其背面接口图

A	B	C
D 制动闸释放按钮(危险,使用后机器人抱闸松开,勿擅动)		
E	F (X41)信号电缆连接器(重载连接器)	
G (XS2)信号电缆连接器	H (XS1)电源电缆连接器	
I	J 电源输入连接器	

▶ 引导问题7:示教器是进行工业机器人_____、_____、参数配置和监控用的手持装置,是最常用的控制装置。示教器包括触摸屏、急停按钮、动态图形界面、_____和三维度摇杆控制。

▶ 引导问题8:配电箱的作用是什么?

_____

_____

▶ 引导问题9:工业机器人使用的连接电缆主要有哪些?

_____

_____

_____

🔆 步骤2 认知安全操作与防护

活动1 获取安全操作规范信息

▶ 引导问题10:请判断以下做法是否正确。

□ 在进行工业机器人安装、维修、保养时,只要有防护设备,就可以带电操作。

□ 在得到停电通知时,要预先关断工业机器人的主电源及气源。

□ 突然停电后,在来电之前要保持夹具上的工件不动,不得取下。

▶ 引导问题11:在调试或运行工业机器人时,它可能会执行一些意外的或不规范的运动,会严重伤害到个人。因此,为了保证安全,需要_____。

▶ 引导问题12:在搬运部件或部件容器时,未接地的人员可能会传递大量的静电荷。这一放电过程可能会损坏敏感的电子设备。所以在有 🔺 标识的情况下,要做好_____。

▶ 引导问题13:出现哪些情况时,需要立即按下任意紧急停止按钮?

_____

_____

▶ 引导问题14:当操作人员进入保护空间时,必须遵守所有的安全条例。

(1)如果在保护空间内有工作人员,请_____工业机器人系统。

(2)当进入保护空间时,请准备好_____,以便随时控制工业机器人。

(3)注意旋转或运动的工具,例如切削工具和锯。确保在接近工业机器人之前,这些工具已经_____。

• 工业机器人电动机长期运转后温度很高,需要注意高温表面。

• 注意夹具并确保夹好工件。如果夹具打开,工件会脱落并导致人员伤害或设备损坏。夹具非常有力,如果不按照正确方法操作,也会导致人员伤害。工业机器人_____时,夹具上不应置物,必须空机。

• 注意液压、气压系统以及带电部件。即使断电,这些电路上的残余电量也很危险。

▶ 引导问题15:示教器配备了高灵敏度电子设备,为了避免操作不当引起的故障或者损害,在操作时应该遵守哪些事项?请简要说明。

_____
_____

_____

▶ 引导问题16:在手动模式操作时,在什么情况下才可使用手动全速模式?

_____
_____

_____

活动 2　获取安全护具信息

▶ 引导问题17:在操作工业机器人之前,操作人员需穿戴哪些安全护具?有什么要求?请简单说明。

_____
_____
_____

步骤 3　认知工业机器人坐标系与手动操纵

活动 1　获取工业机器人坐标系信息

▶ 引导问题18:工业机器人系统中都有哪些坐标系?

_____
_____

▶ 引导问题19:_____坐标系是设定在工业机器人关节中的坐标系,它是每个轴相对其原点位置的绝对角度,每一个关节具有一个自由度。(参考图1.1-4)

▶ 引导问题20:_____坐标系位于工业机器人基座,使用该

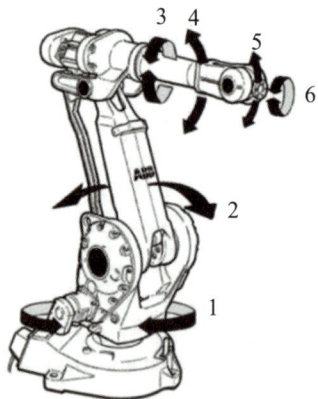

图 1.1-4　六轴工业机器人

坐标系可以方便地将工业机器人从一个位置移动到另一个位置(参考图 1.1-5)。请简述:要使工业机器人分别往 X、Y、Z 方向上移动,应该如何操纵?

_____

_____

_____

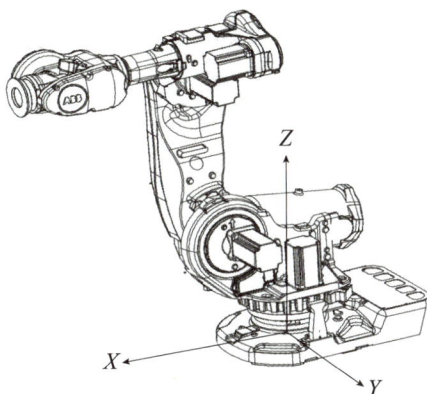

图 1.1-5　工业机器人

▶引导问题 21:_____坐标系(B)是系统的绝对坐标系,作为工业机器人插补动作的基准,其余所有的坐标系都是在它的基础上变换得到的。(参考图 1.1-6)

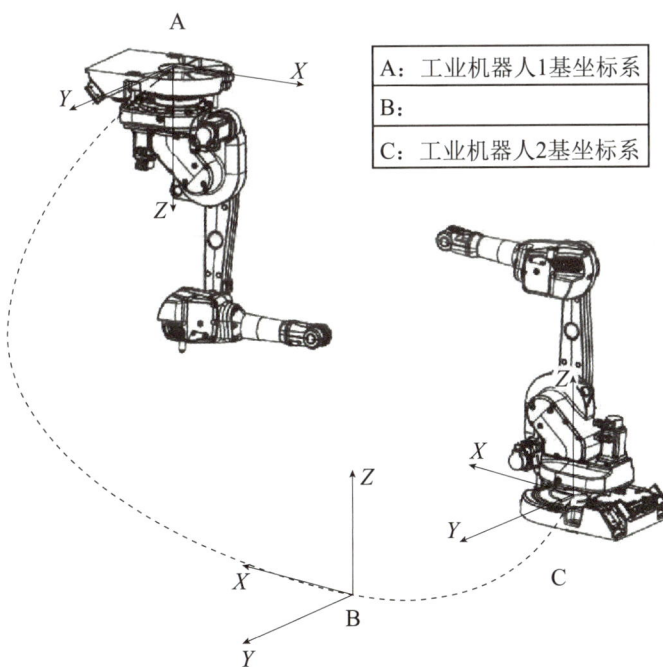

| A:工业机器人1基坐标系 |
| B: |
| C:工业机器人2基坐标系 |

图 1.1-6　工业机器人

▶引导问题 22:_____坐标系固定在工具的端部,其坐标零点为工具中心点,由此定义工具的位置和方向。X、Y、Z 三个方向交汇点称为_____。(参考图 1.1-7)

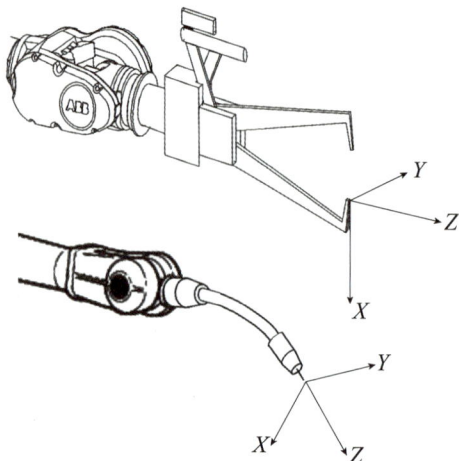

图 1.1-7　工业机器人机械手

▶️ 引导问题 23：图 1.1-8 中 A 表示大地坐标系，B 和 C 表示什么坐标系？

_____

_____

_____

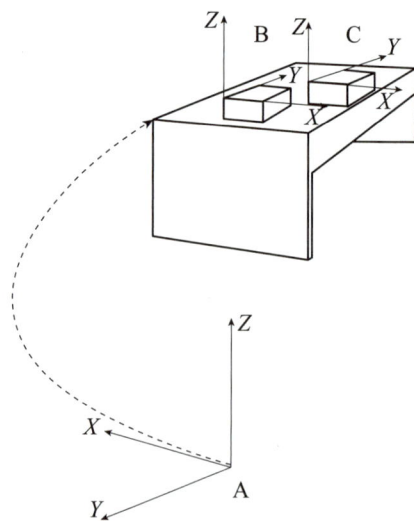

图 1.1-8　坐标系

活动 2　获取工业机器人手动操纵信息

▶️ 引导问题 24：按照你的理解，请简要阐述什么是工业机器人手动操纵。

_____

_____

_____

▶️ 引导问题 25：手动操纵动作模式共有几种？有什么不同？

_____

_____

_____

▶️ 引导问题 26：在手动操纵工业机器人的过程中，如果对使用操作杆控制工业机器人运动的速度不熟练的话，可以使用增量模式来控制工业机器人的运动。那增量模式到底有什么作用？又该如何设置？

_____

_____

_____

学习环节 2　制定工业机器人运动示教计划

学习目标：

1.能根据任务要求，梳理任务实施的方法与操作步骤；

2.能制定工业机器人运动示教计划。

学习要求：

确定完成工作的途径、步骤和所需的工具材料，制定任务实施计划。

建议课时：4 课时

> **制定计划**

　　▶ 引导问题 1：标定工具和工件坐标可以采用什么方法？完成工单任务要求的坐标调整，最恰当的方法是什么？

　　▶ 引导问题 2：要对工具和工件位置进行准确位置调整，应该如何操作？请写出大体的操作流程。

　　▶ 引导问题 3：如何查看移动后的 X、Y、Z 的方向数据？

　　▶ 引导问题 4：如何设置工业机器人的运行速度？请写出操作步骤。

▶ 引导问题 5：梳理工单任务的实施计划，完成下表填写。

工作任务说明：

　　技术员在一天内完成机器人运动位置的调整工作，并做程序备份。

　　(1)工具坐标要求：mass：=1　　　X：=50　　　Y：=0　　　Z：=0

　　(2)工件坐标要求：X：=300 mm　　　Y：=250 mm　　　Z：=−30 mm

　　(3)运行速度要求：v_tcp：=1000　　　v_ori：500

　　　　　　　　　　　v_leax：=5000　　　v_reax：=1000

计划实施步骤：

学习环节 3　做出工业机器人运动示教方案决策

学习目标：

　　1.能讨论已制定的工作计划并做出决策；

　　2.能提升分析和处理问题的能力。

学习要求：

　　经小组讨论比较,综合每位同学的意见,确定小组的最终实施方案。

建议课时：2 课时

做出决策

　　🔷 引导问题:组内就实施计划进行深入探讨,确定实施重点和难点并提出解决方案。再根据表 1.3-1 所列的几个方面进行评分,选定分值最高的计划作为最终的任务实施方案。

表 1.3-1　方案评价表

评价内容	评分(1~5)	备　注
功能性		① 能实现工具位置的准确调整； ② 能实现工件位置的准确调整； ③ 能实现工业机器人运行速度调整
技术评估		易于理解和操作
可维护性		易于维护和修改
可行性		技术可行性、资源可行性
综合得分		

结论：

学习环节 4　实施工业机器人精准点位示教任务

学习目标：

1.能完成工业机器人工作站的开关机操作；

2.能完成工业机器人的零点位置更新；

3.能完成工具坐标系的标定操作；

4.能完成工件坐标系的标定操作。

学习要求：

根据制定的工作计划，按照下方步骤完成任务实施。

建议课时：14 课时

步骤 1　运动调整准备

活动 1　工作站开关机

▶ 引导问题 1：请在实施工作站开关机前，根据表 1.4-1 进行安全检查。

表 1.4-1　安全检查清单

根据实际情况在"□"位置上打"√"	
检查工业机器人周边设备、作业范围是否符合开机条件	是□　否□
检查电源是否正常接入	是□　否□
确认控制柜和示教盒上的急停按钮已经按下	是□　否□

▶ 引导问题 2：按照表 1.4-2 中步骤提示，实施工作站开机操作。

表 1.4-2　工作站开机操作步骤检查清单

步　骤	具体事项	操作是否完成
1	将控制台上平台电源开关旋至"1"位置，接通平台主电源	是□　否□
2	将工业机器人控制柜电源开关旋至"ON"位置，接通工业机器人主电源	是□　否□
3	将气泵开关向上拉起，气泵上电	是□　否□
4	将气泵供气阀门旋至与气管平行方向，并打开阀门	是□　否□
5	控制柜电源开关上电后，等待片刻，当示教器显示画面时，表示设备正常开机成功	是□　否□

▶ 引导问题 3：在任务结束后，按照如下步骤完成工作站关机操作。

（1）手动操作工业机器人返回原点位置。

（2）将工业机器人示教器放置到指定位置，并整理示教器电缆。

（3）关闭工业机器人主电源。

（4）关闭阀门。

（5）将气泵开关向下按下，气泵断电。

（6）关闭控制台上主电源。

活动 2　零点位置更新

👉 引导问题 4：查阅关于工业机器人零点位置的资料，简述什么是零点位置，以及零点位置需要更新的原因。

👉 引导问题 5：按照表 1.4-3 中步骤提示，实施工业机器人零点位置更新操作。

表 1.4-3　零点位置更新操作步骤检查清单

步　骤	具体事项	操作是否完成
1	切换到手动模式	是□　否□
2	在单轴动作模式下控制各关节轴转动至机械零点位置	是□　否□
3	编辑电机校准偏移数据，须与工业机器人本体上电机校准偏移数据一致	是□　否□
4	重启，更新转数计数器	是□　否□

💡 步骤 2　坐标系标定

活动 1　工具坐标系标定

👉 引导问题 6：按照表 1.4-4 中步骤提示，实施工具坐标系标定操作。

工具坐标要求：mass：＝1　　X：＝50　　Y：＝0　　Z：＝0

表 1.4-4　工具坐标系标定操作步骤检查清单

步　骤	具体事项	操作是否完成
1	新建工具坐标	是□　否□
2	定义工具为"TCP 和 Z，X"，点数设定为 4	是□　否□
3	手动操作手柄靠近固定点，单击"修改位置"按钮完成点 1 的修改	是□　否□
4	依次修改 1～4 点的位置坐标	是□　否□
5	将 mass 的值改为工具的实际质量	是□　否□
6	编辑工具中心坐标，以实际为准最佳	是□　否□

👉 引导问题 7：在工具坐标标定过程中要怎么做才能获得更准确的 TCP？

活动 2　工件坐标系标定

▶ 引导问题 8：按照表 1.4-5 中步骤提示，实施工件坐标系标定操作。

工件坐标要求：X：＝300 mm　　　Y：＝250 mm　　　Z：＝−30 mm

表 1.4-5　工件坐标系标定操作步骤检查清单

步　骤	具体事项	操作是否完成
1	新建工件坐标，设定工件属性	是□　否□
2	定义用户方法为 3 点	是□　否□
3	手动操作工业机器人的工具参考点靠近定义工件坐标的 X1 点，单击"修改位置"，将 X1 点记录下来	是□　否□
4	依次完成 X2 点和 Y1 点的位置修改	是□　否□

▶ 引导问题 9：如何手动测试工件坐标系的准确性？

步骤 3　运行速度调整

活动　机器人速度数据定义

▶ 引导问题 10：查阅关于 speeddata 参数的资料，简述 speeddata 数据的作用，并解释其参数构成。

▶ 引导问题 11：按照表 1.4-6 中步骤提示，实施工业机器人运行速度操作。

运行速度要求：

v_tcp：＝1000　　　　v_ori：＝500

v_leax：＝5000　　　v_reax：＝1000

表 1.4-6　工业机器人运行速度操作步骤检查清单

步　骤	具体事项	操作是否完成
1	在程序数据中找到"speeddata"	是□　否□
2	新建 Speed1，点击"编辑—更改值"	是□　否□
3	按照运行速度要求，对 4 项参数进行修改	是□　否□

学习环节5 工业机器人示教运动过程控制

学习目标：

　　1. 能对工业机器人程序进行备份与恢复；

　　2. 能在工作站出现危机时，对工业机器人进行紧急停止，并在处理完后进行复位。

学习要求：

　　根据以下任务检查清单，小组合作进行必要的最终任务检查和8S清查，并根据任务实施过程和结果的实际情况，优化改进工作计划。

建议课时：6 课时

步骤1　过程安全控制

活动1　程序备份与恢复

　　引导问题1：为了确保工业机器人系统的正常运行，避免因操作失误或重新安装新系统而造成程序丢失，请对当前程序进行备份，并记录系统备份的操作过程及备份路径。

　　引导问题2：尝试将备份程序进行恢复，并记录恢复操作过程。

活动2　紧急停止与复位

　　引导问题3：当发生紧急情况时，操作员要迅速按下急停按钮来停止机器或设备的运行，以达到保护的目的。工业机器人作业中都有哪些急停按钮？

　　引导问题4：要从紧急停止状态恢复，使工业机器人进行正常运行，正确的复位操作是什么？

步骤 2　过程质量控制

活动 1　任务清查

引导问题 5：请根据表 1.5-1 进行必要的任务完成情况的最终检查。

表 1.5-1　任务检查清单

序　号	检查事项	检查结果
1	在工业机器人运动前进行零点位置更新	□符合　□不符合
2	工具坐标位置满足任务工单要求	□符合　□不符合
3	工件坐标位置满足任务工单要求	□符合　□不符合
4	工业机器人运行速度要求满足任务工单要求	□符合　□不符合
5	对工业机器人程序进行备份	□符合　□不符合

活动 2　8S 清查

引导问题 6：请根据表 1.5-2 进行必要的 8S 检查。

表 1.5-2　8S 检查清单

项　目	检查事项	检查结果
整理 （Seiri）	工作区域内是否有无用、过期或损坏的设备和工具？ 是否有未标识或标识不清的物品？ 是否有无关的文件、纸张或杂物？	□是　　□否
整顿 （Seiton）	工具、设备和材料是否有固定的存放位置？ 存放位置是否合理、标识明确？ 工作区域是否整洁有序？ 是否有足够的储物空间和工作表面？	□是　　□否
清扫 （Seiso）	工作区域的地面、墙壁、设备和工具是否保持清洁？ 是否有定期的清洁计划和责任人？ 是否妥善处理垃圾和废弃物？	□是　　□否
清洁 （Seiketsu）	工作区域内是否保持适宜的温度、湿度和通风？ 是否有充足的照明设备？ 是否定期检查和维护设备？	□是　　□否
素养 （Shitsuke）	是否遵守操作的规范和标准？ 是否确保工作的一致性和质量？	□是　　□否
安全 （Safety）	是否检查安全设备的可用性？ 是否正确使用个人防护设备？	□是　　□否
节约 （Savings）	是否能识别并减少浪费？ 是否提高维修工作的效率，减少不必要的等待时间？	□是　　□否
学习 （Study）	是否分享经验和知识？	□是　　□否

学习环节 6　任务评价与反馈

学习目标：

1. 能按分组情况，派代表展示工作成果，说明本次任务的完成情况，并做分析总结；
2. 能结合任务完成情况，正确规范地撰写工作总结（心得体会）；
3. 能辩证地看待问题，从多角度思考并做出独立的判断，养成独立思考的习惯。

学习要求：

对工作过程的设计和工作结果进行全面、客观的评价。

建议课时：2 课时

评价反馈

1. 各组派代表上台展示成果，并介绍任务的完成过程。
2. 其他组同学给你们提供了哪些意见或建议？请记录在下面。

_____

_____

_____

3. 本次课的心得体会：_____

_____

_____

4. 请按照表 1.6-1，小组合作完成本任务的考核评价。

表 1.6-1　任务考核评价表

评价事项	分　值	评　分
完成工作站开关机操作	5	
完成工业机器人零点位置更新操作	15	
按照任务工单要求完成工具坐标系的标定操作	25	
按照任务工单要求完成工件坐标系的标定操作	25	
按照任务工单要求完成工业机器人的运行速度设定	20	
对工业机器人程序进行备份	5	
进行工作站急停测试	5	

实训报告

　　按照下方的实训报告格式规范,结合自己本次的任务实践过程,请完成实训报告的撰写。

一、实训名称:

二、实训基本情况

　　1.实训时间:

　　2.实训地点:

　　3.实训目的:

　　4.实训形式:

三、实训过程及内容

四、实训总结与体会

学习任务终结性评价

评价方式采用多元化评价,评价主体由学生、小组与教师构成,评价标准、分值及权重如下所示:

(1)学生进行自我评价,并将结果填入学生自评表中。

学生自评表

班级:＿＿＿＿＿＿＿＿＿　　组名:＿＿＿＿＿＿＿＿　　日期:＿＿＿＿年＿＿月＿＿日

评价项目	评价标准	分 值	得 分
信息检索	能有效利用网络资源、配套资料查找有效信息	10	
知识掌握	能准确理解学习任务中讲述的知识内容	15	
技能训练	能按照技术规范,正确使用工具及设备进行任务实施	15	
感知工作	认同工作价值,在工作中能获得成就感	10	
团队素养	教师、同学之间相互尊重、理解,能平等交流	10	
职业素养	能严格遵守相关工作守则和法律法规	10	
思维状态	能发现问题、分析问题并解决问题	10	
参与状态	能发表个人见解,倾听他人意见和看法	10	
创新意识	能在工作过程中做出创新点	10	
合 计		100	

(2)学生以小组为单位,对学习任务的实施过程与结果进行互评,并将结果填入小组互评表中。

小组互评表

班级:＿＿＿＿＿＿＿＿＿　　被评组名:＿＿＿＿＿＿＿＿　　日期:＿＿＿＿年＿＿月＿＿日

评价项目	评价标准	分 值	得 分
团队素养	该组小组成员间合作紧密,能互帮互助	15	
	该组的工作计划周密,组织有序	15	
	该组态度端正,有较强的吃苦耐劳精神	10	
工作情况	该组的工作效率突出	20	
	该组的工作成果完整且质量达标	30	
	该组严格遵守相关工作守则和法律法规	10	
合 计		100	

（3）教师对学生工作过程与工作结果进行评价，并将结果填入教师评价表中。

教师评价表

班级：＿＿＿＿＿＿　　　　组名：＿＿＿＿＿＿　　　　姓名：＿＿＿＿＿＿

评价项目	评价标准	分　值	得　分
考勤	无无故迟到、早退、旷课现象	10	
工作过程	能正确回答引导问题并填写答案	20	
	能制定详细的工作计划	10	
	能遵守技术规范，实施过程顺畅、无意外	20	
项目成果	能按时完成任务	10	
	学习态度认真、细致、严谨	10	
	任务成果完整且质量达标	20	
合　计		100	

综合评价	自我评价（20%）	小组互评（30%）	教师评价（50%）	综合得分

学习任务 2
工业机器人工作站产品换型调整

🎯 任务描述

【任务情景】

某汽车发动机生产企业现有一套工业机器人产品外壳涂胶工作站,该工作站主要由 1 台六轴工业机器人、1 台机床、1 套涂胶夹具、1 套 PLC 总控系统组成。根据生产计划准备生产新型号的产品外壳,现需从设备供应商提供的 5 个涂胶枪头中选择与新型外壳相适应的 1 个枪头,并安装调试。生产班组长要求调试技术员在一天内完成调整工作。

【任务要求】

根据任务的情景描述,通过与生产班组长沟通,以独立或小组合作的方式,查阅设备使用说明书,制定工作计划,在规定时间内,按照厂家技术规范完成工业机器人工作站产品换型调整。

(1)查阅工作站使用说明书,分析工作站需调整的部位,确定调整内容;

(2)制定工作站产品换型调整计划,完成工业机器人汽车外壳涂胶工作站产品换型调整并测试,准确填写变更记录单;

(3)将调整与测试信息存档,对调整与测试作业进行总结分析。

【任务资料】

完成上述任务时,可以使用所有的教学资料,如工作页、工作站调整方案、工业机器人操作说明书、工作站使用说明书、个人笔记等。

学习目标

序　号	学习环节	学　时	学习目标
1	获取工业机器人产品换型信息	8	能认知工作站气动系统的工作原理
			能概述工作站气动系统的组成
			能解释气动元件润滑及气路气压调节的装置应用
			能列举 ABB 工业机器人的 I/O 通信种类
			能说明 ABB 工业机器人常用的标准 I/O 板类型
2	制定工业机器人产品换型计划	4	能通过测绘工业机器人的电路原理图，理解产品换型的安装思路
			能根据任务要求，梳理任务实施的方法与操作步骤，并制定产品换型计划
3	做出工业机器人产品换型方案决策	2	能讨论已制定的工作计划并做出决策
			能有效地表达自己的观点和想法，与他人进行良好的沟通和交流
4	实施工业机器人换型调整任务	14	能完成涂胶机器人胶枪头的更换
			能完成涂胶机器人的 I/O 数据配置
			能完成涂胶机器人的系统信号配置
5	工业机器人换型调整过程控制	10	能根据需要进行 Event Routine 设定
			能测试换型后的涂胶机器人运行效果，保证机器人能按既定轨迹进行涂胶作业
6	任务评价与反馈	2	能按分组情况，派代表展示工作成果，说明本次任务的完成情况，并做分析总结
			能结合任务完成情况，正确规范地撰写工作总结（心得体会）
			能树立求真务实、勇于探索的职业精神

学习路径

序　号	学习环节	学习步骤	学习活动
1	获取工业机器人产品换型信息	认知工作站气动系统	获取气动系统工作原理及组成信息
			获取气动装置应用信息
2		认知 I/O 通信硬件	获取 I/O 通信种类信息
			获取标准 I/O 板分类信息
3	制定工业机器人产品换型计划	制定计划	电气原理图测绘
			制定涂胶机器人涂胶枪头换型方案

续表

序　号	学习环节	学习步骤	学习活动
4	做出工业机器人产品换型方案决策	做出决策	小组讨论计划可行性,就最优方案做出决策
5	实施工业机器人换型调整任务	涂胶枪头更换	换型安装
			气路和电路连接
6		I/O 数据配置	标准 I/O 板配置
			I/O 信号配置
			I/O 信号查看与仿真
			常用信号配置
			可编程按键配置
7		系统信号配置	系统输入/输出信号连接
8	工业机器人换型调整过程控制	Event Routine 设定	程序开机自启设定
9			Power On 关联安全点设定
10		工作站运行测试	涂胶机器人运行测试
			涂胶测试轨迹规范
		过程质量控制	任务清查
			8S 清查
11	任务评价与反馈	评价反馈	展示任务成果
12			记录意见建议
13			书写心得体会
14			考核计分

学习准备

硬件设备	防护用品	资　料
1 台六轴工业机器人、1 台机床、1 套涂胶夹具、1 套 PLC 总控系统	安全帽、防护镜、口罩、耳塞、手套、工作服、劳保鞋	ABB 工业机器人操作说明书、工作站使用说明书

任务工单

任务名称	工业机器人工作站产品换型调整		
任务负责人		任务接收时间	
任务下达者	生产班组长	要求完成时间	

工作任务说明：

　　根据生产计划准备生产新型号的产品外壳,从设备供应商提供的 5 个涂胶枪头中选择与新型外壳相适应的 1 个枪头,并进行安装调试,确保更换的涂胶枪头符合要求,I/O 通信及气路运行正常,更换后的涂胶工作站能够正常运行,无安全隐患。

情况记录：

任务等级	□一般	□重要	□紧急	□非常重要	□非常紧急
完成时间	□提前完成	□按时完成	□延期完成	□未能完成	
完成质量	□优秀	□良好	□一般	□差	

项目总结

将学生按每组 4～6 人分组,明确每组的工作任务。

班　　级		组　　号		指导老师	
组　　长		学　　号			
组　　员					
任务分工					

例：_____同学,主要负责_____工作。

学习环节 1　获取工业机器人产品换型信息

学习目标：

1. 能认知工作站气动系统的工作原理；
2. 能概述工作站气动系统的组成；
3. 能解释气动元件润滑及气路气压调节的装置应用；
4. 能列举 ABB 工业机器人的 I/O 通信种类；
5. 能说明 ABB 工业机器人常用的标准 I/O 板类型。

学习要求：

根据引导问题，从信息页中获取对应的信息，并在空白处填写答案。

建议课时：8 课时

步骤 1　认知工作站气动系统

活动 1　获取气动系统工作原理及组成信息

▶ 引导问题 1：在工业机器人工作站中，气路的作用是什么？

_____

_____

_____

▶ 引导问题 2：工业机器人的气动系统是以_____为工作介质，在控制元件的控制和辅助元件的配合下，通过_____把空气的压缩能转换为机械能，从而完成机器人的直线或回转运动并对外做功，从而完成各种动作。

▶ 引导问题 3：一个完整的气动系统由气源装置、执行元件、控制元件和辅助元件四部分组成。请查阅资料，了解气动系统各组成部分的功能及典型元件，并完成表 2.1-1 相关内容的填写。

表 2.1-1　气动系统各组成部分的功能及典型元件说明

组成部分	功　能	典型元件	图　示
气源装置		空气压缩机、气罐	
执行元件	利用压缩空气驱动不同的机械装置，实现不同的动作，包括往复直线运动、旋转运动及摆动等		

续表

组成部分	功 能	典型元件	图 示
控制元件		电磁阀、压力阀、调速阀、节流阀	
辅助元件	用于连接相关的元件或对系统进行消声、冷却、测量等,保证气动系统可靠、稳定工作	真空发生器、空气过滤器、油雾器、消声器	

活动 2 获取气动装置应用信息

▶ 引导问题 4:气动系统中的许多元件和装置需要进行润滑,以减少摩擦和磨损,加强机械传动效果。一般采用什么设备作为润滑装置?

_____

_____

▶ 引导问题 5:要调节工业机器人的气路气压,就需要对各气路的节流阀进行调节。请你简述节流阀调节气路气压的工作原理。

_____

_____

_____

步骤 2   认知 I/O 通信硬件

活动 1 获取 I/O 通信种类信息

▶ 引导问题 6:请概述 I/O 通信的概念。

_____

_____

_____

▶ 引导问题 7:ABB 工业机器人最常用的 I/O 通信方式有 3 类。请查阅资料,在表 2.1-2 中完成这 3 类通信方式相关信息的填写。

表 2.1-2　I/O 通信方式

PC 通信协议	现场总线协议	机器人标准

▶ 引导问题 8：ABB 工业机器人标准 I/O 板要安装在图 2.1-1 中的哪个位置？

□A 处　　□B 处

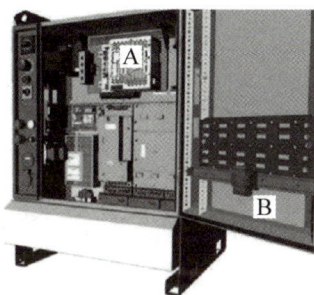

图 2.1-1　控制柜

活动 2　获取标准 I/O 板分类信息

▶ 引导问题 9：ABB 工业机器人常用的标准 I/O 板有 5 种，请按照表 2.1-3 中右侧的说明，填写标准 I/O 板的型号。

表 2.1-3　I/O 板安装说明

型　号	说　明
	分布式 I/O 模块，含 8 位数字量输入＋8 位数字量输出＋2 位模拟量输出
	分布式 I/O 模块，含 16 位数字量输入＋16 位数字量输出
	分布式 I/O 模块，含 8 位数字量输入＋8 位数字量输出带继电器
	分布式 I/O 模块，含 4 位模拟量输入＋4 位模拟量输出
	输送链跟踪单元

▶ 引导问题 10：ABB IRB120 工业机器人一般配置什么型号的 I/O 板？

▶ 引导问题 11：图 2.1-2 为 DSOC652 标准 I/O 板的设备图，请你在图中标注出 X1 到 X5 端子的接口。

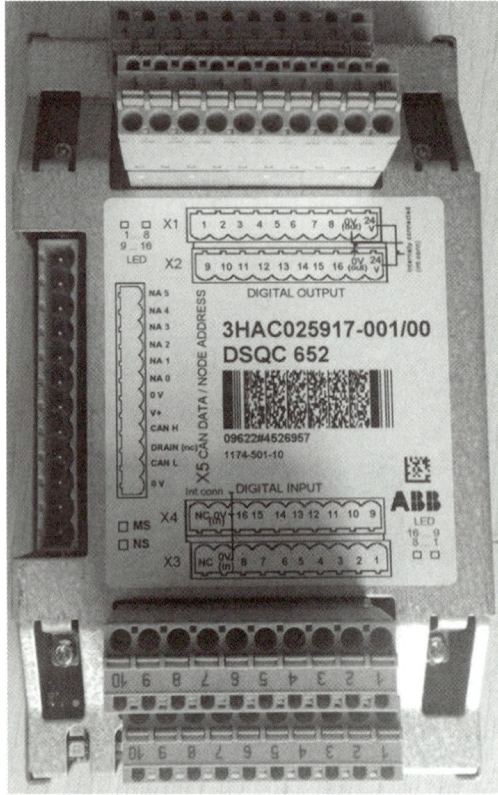

图 2.1-2　DSOC652 标准 I/O 板设备图

学习环节 2   制定工业机器人产品换型计划

学习目标:

1.能通过测绘工业机器人的电路原理图,理解产品换型的安装思路;

2.能根据任务要求,梳理任务实施的方法与操作步骤,并制定产品换型计划。

学习要求:

确定完成工作的途径、步骤和所需的工具材料,制定任务实施的计划。

建议课时:4 课时

制定计划

活动 1   电气原理图测绘

▶ 引导问题 1:试按照图 2.2-1 所示控制柜电路图进行测绘,理解工业机器人工作站电路连接方式。在此基础上,制定一个针对换型调整的电路连接计划。

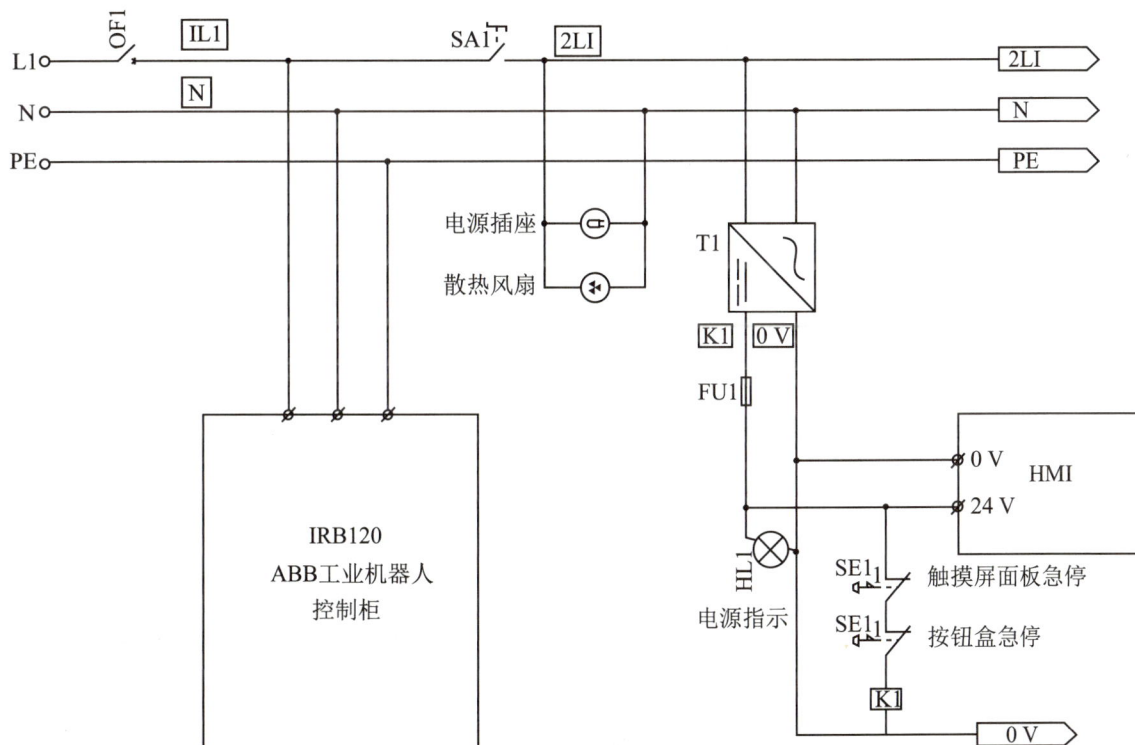

图 2.2-1   控制柜电路图

▶ 引导问题 2:试按照图 2.2-2 所示通用工业机器人工作站气路图进行测绘,理解工业机器人工作站气路连接方式。在此基础上,制定一个针对换型调整的气路连接计划。

工具侧快换盘　　　　　　　　　　　　机器人侧快换盘

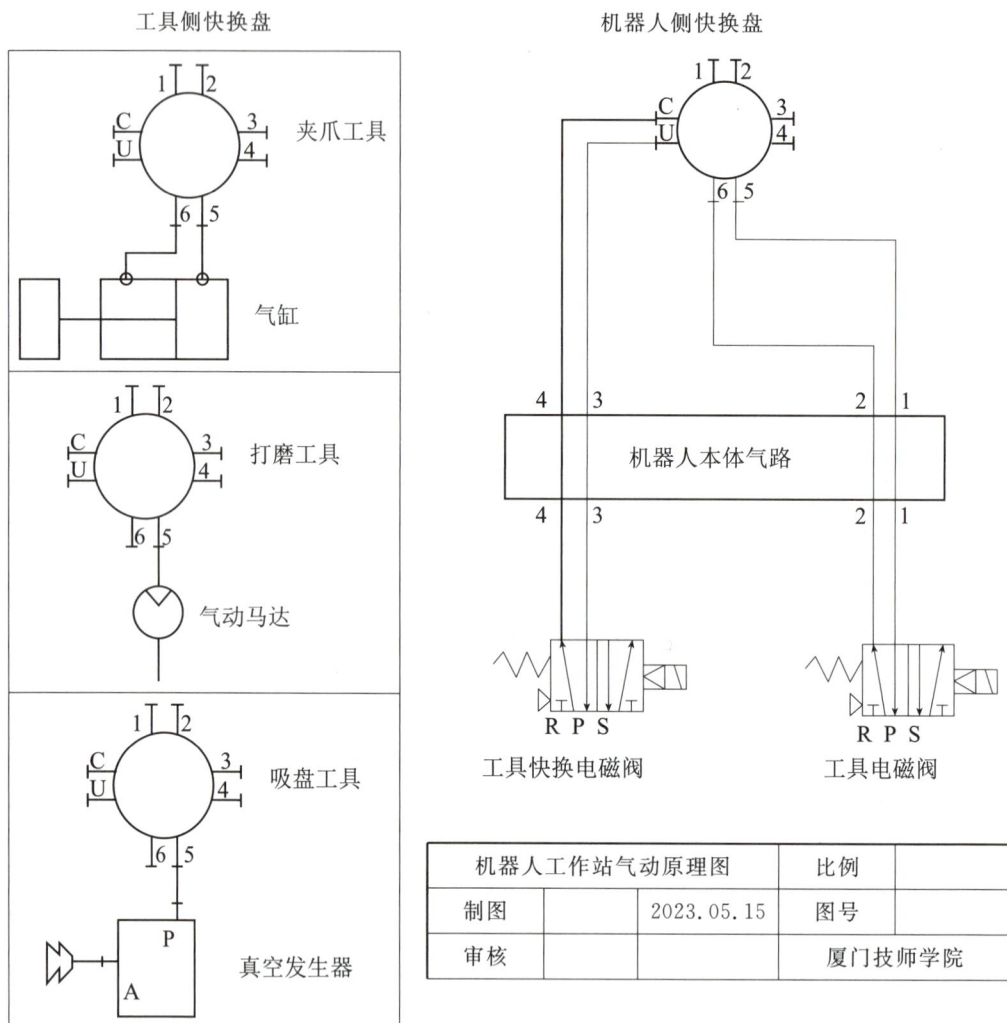

图 2.2-2　通用工业机器人工作站气路图

活动 2　制定涂胶机器人涂胶枪头换型方案

▶ 引导问题 3：如图 2.2-3 所示为涂胶机器人正在进行汽车外壳的涂胶任务，涂胶枪头安装在机器人末端执行器上。请查阅资料，写出涂胶枪头的更换步骤。

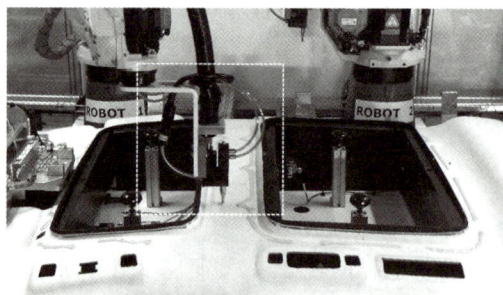

图 2.2-3　涂胶机器人涂胶任务示意图

▶ 引导问题 4：充分考虑工作站的电路、气路的连接，在保证安全的前提下，梳理工单任务的实施计划，完成表 2.2-1 填写。

表 2.2-1　工单任务实施计划表

工作任务说明：

　　根据生产计划准备生产新型号的产品外壳，从设备供应商提供的 5 个涂胶枪头中选择与新型外壳相适应的 1 个枪头，并进行安装调试，确保更换的涂胶枪头符合要求，I/O 通信及气路运行正常，更换后的涂胶工作站能够正常运行，无安全隐患。

计划实施步骤：

学习环节 3 做出工业机器人产品换型方案决策

学习目标：

　　1.能讨论已制定的工作计划并做出决策；

　　2.能有效地表达自己的观点和想法，与他人进行良好的沟通和交流。

学习要求：

　　经小组讨论比较，综合每位同学的意见，确定小组的最终实施方案。

建议课时：2 课时

做出决策

　　引导问题：组内就实施计划进行深入探讨，确定实施重点和难点并提出解决方案。再根据表 2.3-1 所列的几个方面进行评分，选定分值最高的计划作为最终的任务实施方案。

表 2.3-1　方案评价表

评价内容		评分(1～5)	备　注
功能性			① 能正确更换工业机器人的涂胶枪头，电路与气路运转正常； ② 能实现工业机器人的 I/O 信号、常用信号、可编程按键等配置； ③ 能实现工业机器人系统的 I/O 信号连接配置
技术评估			易于理解和操作
可维护性			易于维护和修改
可行性			技术可行性、资源可行性
	综合得分		

结论：

学习环节 4　实施工业机器人换型调整任务

学习目标:

　　1.能完成涂胶机器人胶枪头的更换;

　　2.能完成涂胶机器人的 I/O 数据配置;

　　3.能完成涂胶机器人的系统信号配置。

学习要求:

　　根据制定的工作计划,按照下方步骤完成任务实施。

建议课时:14 课时

步骤 1　涂胶枪头更换

活动 1　换型安装

　　引导问题 1:请在实施工业机器人涂胶枪头换型前进行安全检查,并填写表 2.4-1。

表 2.4-1　安全检查清单

根据实际情况在"□"位置上打"√"	
确认控制柜和示教盒上的急停按钮已经按下	是□　否□
检查机器人系统处于断电状态	是□　否□
已佩戴适当的个人防护装备	是□　否□
检查气压系统处于关闭状态,且涂胶系统的气压已释放	是□　否□
确保工业机器人处于安全位置,附近无障碍物或其他人员	是□　否□

　　引导问题 2:查阅 ABB 工业机器人操作手册,严格按照操作规范进行涂胶枪头更换,并记录更换过程中的注意事项。

活动 2　气路和电路连接

　　引导问题 3:按照表 2.4-2 中步骤提示,实施工业机器人涂胶枪头更换后的气路与电路连接操作。

表 2.4-2　操作步骤检查清单

步　骤	具体事项	操作是否完成
1	用 PE 气管将空气压缩机产生的气体引入气动三连件中,并连接电磁阀	是□　否□
2	将三根 PE 气管插入电磁阀接口处,再分别连接到工业机器人底座 Ai1、Ai2 和 Ai4 气源接口	是□　否□

续表

步 骤	具体事项	操作是否完成
3	选择一段长度适合的 PE 气管,两端分别插入工业机器人手臂与涂胶枪头的气源插口	是□ 否□
4	气路连接完成后,工作站上电,工业机器人复位	是□ 否□

💡 步骤2 I/O 数据配置

活动1 标准I/O 板配置

引导问题4:查阅 DSQC652 标准 I/O 板的总线连接参数,填写表 2.4-3。

表 2.4-3 总线连接参数

参数名称	设定值	说 明
Name	Board10	设定 I/O 板在系统中的名字
Type of Unit		设定 I/O 板的类型
Connected to Bus		设定 I/O 板连接的总线
DeviceNet Address		设定 I/O 板在总线中的地址

引导问题5:按照表 2.4-4 中步骤提示,实施标准 I/O 板配置操作。

表 2.4-4 操作步骤检查清单

步 骤	具体事项	操作是否完成
1	打开示教器——控制面板,配置系统参数	是□ 否□
2	双击"Device Net Device"进行 DSQC 652 模块的选择和地址设定	是□ 否□
3	添加"DSQC 652 VDCB I/O Device"	是□ 否□
4	编辑"Address"参数,将值改为 10	是□ 否□
5	重新启动,DSQC 652 板的总线连接操作完成	是□ 否□

活动2 I/O信号配置

引导问题6:数字量输入信号是用于接收外围设备在时间和数值上都断续变化的离散信号。数字量输入信号 di1 的相关参数如表 2.4-5 所示。

表 2.4-5 参数说明

参数名称	设定值	说 明
Name	di1	设置数字量输入信号的名字
Type of Signal	Digtal Input	设定信号的种类
Assigned to Device	d652	设定信号所在的 I/O 模块
Device Mapping	6(0～15 均可)	设定信号所占用的地址

请基于以上参数,并参照如下步骤完成定义数字量输入信号 di1 操作。

(1)打开示教器——控制面板,进入配置系统参数界面。

(2)进入"Signal",点击"添加"。

(3)修改"Name"名称为"di1"。

(4)"Type of Signal"I/O信号类型选择"Digtal Input"。

(5)"Assigned to Device"选择"d652"。

(6)设定信号占用地址"Device Mapping"为 6。

(7)系统重启,完成配置。

▷ 引导问题 7:参照数字量输入信号 di1 的操作过程,完成数字量输出信号 do1 的定义操作,并填写表 2.4-6 数字量输出信号 do1 的相关参数。

表 2.4-6　参数说明

参数名称	设定值	说　明
Name		设置数字输出信号的名字
Type of Signal		设定信号的种类
Assigned to Device		设定信号所在的 I/O 模块
Device Mapping		设定信号所占用的地址

▷ 引导问题 8:实施定义组输入 gi1 和组输出 go1 信号的操作,并查阅相关资料,说明组信号的用途。

活动 3　I/O 信号查看与仿真

▷ 引导问题 9:按照表 2.4-7 中步骤提示,实施 di1 信号的查看与仿真操作。

表 2.4-7　查看与仿真操作步骤检查清单

步　骤	具体事项	操作是否完成
1	打开示教器——输入输出	是□　否□
2	点击"视图"菜单,选择"I/O 设备"	是□　否□
3	选择查看 d652　I/O 板,查看 di1 信号状态	是□　否□
4	在查看信号界面,选中 di1 信号点击"仿真",将 di1 的状态仿真设置 1	是□　否□

▷ 引导问题 10:通过 I/O 信号的查看与仿真,你认为 I/O 信号仿真在工业机器人系统编程中能起到什么作用?

活动 4　常用信号配置

▶ 引导问题 11:常用信号配置的作用是什么?

▶ 引导问题 12:按照表 2.4-8 中步骤提示,实施常用信号配置操作。

表 2.4-8　常用信号配置操作步骤检查清单

步　骤	具体事项	操作是否完成
1	打开示教器——控制面板	是□　否□
2	点击"配置常用 I/O 信号"	是□　否□
3	选择信号,点击"应用"	是□　否□
4	在"输入输出"中,查看常用信号	是□　否□

活动 5　可编程按键配置

▶ 引导问题 13:图 2.4-1 所示为示教器上的 4 个可编程按键,请查阅资料,解释可编程按键的 5 种不同形式的功能模式是什么。

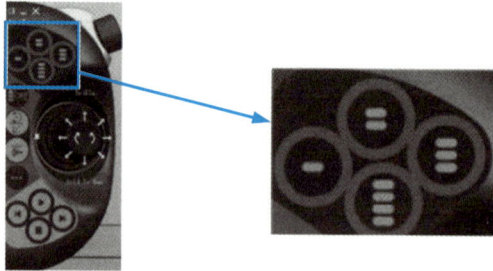

图 2.4-1　示教器

▶ 引导问题 14:按照表 2.4-9 中步骤提示,实施可编程按键配置操作。以 do1 为例,将其关联到快捷功能键 1。

表 2.4-9　可编程按键配置操作步骤检查清单

步　骤	具体事项	操作是否完成
1	打开示教器——控制面板	是□　否□
2	点击"配置可编程按键"	是□　否□
3	选择按键 1,选择"类型"为"输出",在右侧的列表中单击"DO1",选择"按下按键"为"切换",允许自动模式	是□　否□
4	点击"确定",完成配置	是□　否□

步骤 3　系统信号配置

活动 1　系统输入信号连接

▶ 引导问题 15：现场观察工作站的上电情况，概述如何通过系统信号配置控制电机上电。

▶ 引导问题 16：按照表 2.4-10 中步骤提示，实施系统信号配置操作。将输入信号 di1 与系统输入信号 Motors On 关联，当 di1 信号为"1"时，电机上电。

表 2.4-10　系统信号配置操作步骤检查清单

步　骤	具体事项	操作是否完成
1	打开示教器——控制面板，点击配置系统参数	是□　否□
2	在 I/O System 视图中选择"System Input"，并单击"显示全部"按钮	是□　否□
3	单击"添加"，双击"Signal Name"，然后在列表中选择 di1 信号，确定后返回	是□　否□
4	双击"Action"，在列表中选择"Motors On"输入信号，确定后返回	是□　否□
5	点击"确定"，完成设定	是□　否□

活动 2　系统输出信号连接

▶ 引导问题 17：请查阅相关资料，完成输出信号 do1 与电机开启状态 Motors On 的关联。完成后回顾操作，并说明数字量输出信号的关联步骤与数字量输入信号的关联步骤有何不同。

学习环节 5　工业机器人换型调整过程控制

学习目标：

1.能根据需要进行 Event Routine 设定；

2.能测试换型后的涂胶机器人运行效果，保证机器人能按既定轨迹进行涂胶作业。

学习要求：

根据以下任务检查清单，小组合作进行必要的最终任务检查和 8S 清查，并根据任务实施过程和结果的实际情况，优化改进工作计划。

建议课时：10 课时

💡步骤 1　Event Routine 设定

活动 1　程序开机自启设定

▶️ 引导问题 1：Event Routine 可以实现启动、停止、暂停或调整机器人的运动，调用特定的例行程序，发送通知或警报等。请查阅资料，补全表 2.5-1 中的 Event Routine 触发条件。

表 2.5-1　系统事件说明

系统事件	说　明
	打开主电源，机器人电机上电
Start	
Stop	
	系统启动
Qstop	
	重启系统
	错误复位
Step	

▶️ 引导问题 2：请按照如下例行程序，完成程序开机自启的 Event Routine 设定操作。

说明：系统事件 event 为 PowerOn，触发的 Routine 例行程序如下：

PROC rPowerON1()

CONST pos posBOX2：＝［991.635，146.938，1003.47］；

CONST pos posBOX1：＝［712.979，−269.706，684.876］；

！posBOX1：＝ CPos(\Tool：＝Tregaskiss22deg\WObj：＝wobj0)；

！posBOX2：＝ CPos(\Tool：＝Tregaskiss22deg\WObj：＝wobj0)；

WZBoxDef\Inside，shapeBOX1，posBOX1，posBOX2；

WZDOSet\Temp，wztempBOX1\Before，shapeBOX1，do1，1；
ENDPROC

活动 2　Power On 关联安全点设定

▶ 引导问题3：扫描右侧二维码查看 power_on 在 Event Routine 中与 Power On 关联的操作流程。关联操作完成后，请回答本操作的作用是什么？

ABB 工业机器人安全位置
Home 点输出信号

步骤 2　工作站运行测试

活动 1　涂胶机器人运行测试

▶ 引导问题4：在涂胶机器人换型调整后，需要对涂胶作业效果进行测试，请按照如下规范及要求进行涂胶测试作业。

请按照以下步骤进行操作：

(1)确保控制面板的"模式开关"处于"运行"模式。

(2)从主画面切换至涂胶设定画面。

(3)如果触发安全光栅，将发出警报。

(4)按照规定的工艺过程要求完成涂胶任务。

(5)涂胶轨迹如图 2.5-1 所示。

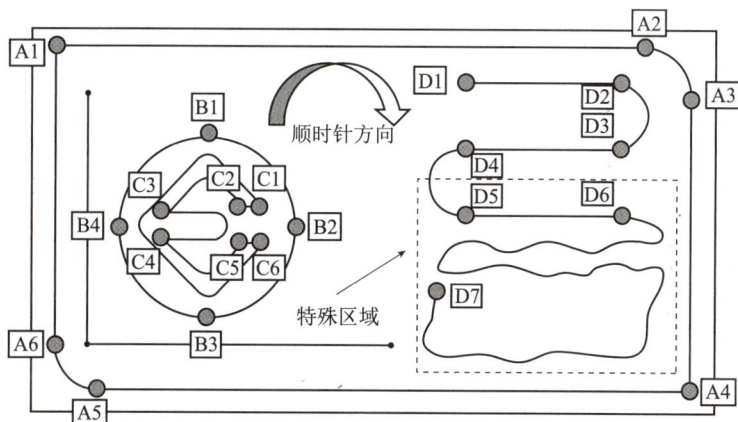

图 2.5-1　涂胶轨迹图

具体工艺过程要求如下：

(1)按下触摸屏涂胶设定画面中的"运行"按钮，触摸屏开始计时。工业机器人回到 Home 点，拾取涂胶工具。

(2)涂胶工具的 TCP(tool center point，工具中心点)位于涂胶单元轨迹线槽的中心线偏离涂胶单元平面上方 10 mm 距离、工具 Z 轴垂直于涂胶表面，按照如下步骤完成基础涂胶工艺：

① 工业机器人以 A5 点为起始点，以 A2 点为结束点，按照 A5—A4—A3—A2 的顺序完成 A 轨迹基础涂胶，轨迹速度为 150 mm/s。完成该轨迹后，机器人回 Home 点，停留 3 s。

② 工业机器人以 B1 点为起始点，按照顺时针的顺序完成 B 轨迹完整一圈的基础涂胶，轨迹速度为 100 mm/s。完成该轨迹后，机器人回 Home 点，停留 3 s，暂停涂胶和计时。

注意：以上涂胶工艺同时需在仿真软件中仿真。

完成基础涂胶工艺之后，开始定制涂胶工艺。在涂胶设定画面中，参照表 2.5-2 对所有定制轨迹参数进行设定，按下"运行"按钮，完成定制轨迹涂胶流程。默认情况下，涂胶工具的 TCP 位于涂胶单元轨迹线槽的中心线偏离涂胶单元平面上方 5 mm，工具 Z 轴垂直于涂胶表面。

(1)按下"运行"按钮，按照触摸屏设定参数完成 D 轨迹定制涂胶。起始点为 D2 点，终止点为 D7 点，涂胶速度为 50 mm/s。当涂胶工具进入涂胶轨迹图中所示的特殊区域时，蜂鸣器报警。

(2)工业机器人放回涂胶工具，工业机器人回到 Home 点。

表 2.5-2　定制涂胶工艺参数表

轨迹编号	定制工艺参数	可选参数	参数说明
D	正常区域偏移距离	1～5 mm	正常区域偏移距离可以设置为 1～5 mm 间的任意距离
D	特殊区域偏移距离	5～10 mm	特殊区域偏移距离可以设置为 5～10 mm 间的任意距离

活动 2　涂胶测试轨迹规范

引导问题 5：现场观察涂胶机器人的作业轨迹，检查是否与轨迹图要求一致。若存在不规范的地方，请将问题、影响因素及解决方案填写在下方。

问　题	影响因素	解决方案

步骤 3　过程质量控制

活动 1　任务清查

引导问题 6：请根据表 2.5-3 进行必要的任务完成情况的最终检查。

表 2.5-3　任务检查清单

序　号	检查事项	检查结果
1	涂胶枪头更换正确,安装稳固、无松动现象,气路与电路运行正常	□符合　□不符合
2	机器人 I/O 数据配置正确,通信良好	□符合　□不符合
3	完成系统输入/输出信号连接,当 di1 信号为"1"时,电机上电	□符合　□不符合
4	已通过 Event Routine 设定程序开机自启与 Power On 关联安全点功能	□符合　□不符合
5	涂胶机器人运行测试结果符合规范要求	□符合　□不符合

活动 2　8S 清查

引导问题 7：请进行必要的 8S 检查。

表 2.5-4　8S 检查清单

项　目	检查事项	检查结果
整理 （Seiri）	工作区域内是否有无用、过期或损坏的设备和工具? 是否有未标识或标识不清的物品? 是否有无关的文件、纸张或杂物?	□是　　□否
整顿 （Seiton）	工具、设备和材料是否有固定的存放位置? 存放位置是否合理、标识明确? 工作区域是否整洁有序? 是否有足够的储物空间和工作表面?	□是　　□否
清扫 （Seiso）	工作区域的地面、墙壁、设备和工具是否保持清洁? 是否有定期的清洁计划和责任人? 是否妥善处理垃圾和废弃物?	□是　　□否
清洁 （Seiketsu）	工作区域内是否保持适宜的温度、湿度和通风? 是否有充足的照明设备? 是否定期检查和维护设备?	□是　　□否
素养 （Shitsuke）	是否遵守操作的规范和标准? 是否确保工作的一致性和质量?	□是　　□否
安全 （Safety）	是否检查安全设备的可用性? 是否正确使用个人防护设备?	□是　　□否
节约 （Savings）	是否能识别并减少浪费? 是否提高维修工作的效率,减少不必要的等待时间?	□是　　□否
学习 （Study）	是否分享经验和知识?	□是　　□否

学习环节6　任务评价与反馈

学习目标：

1. 能按分组情况，派代表展示工作成果，说明本次任务的完成情况，并做分析总结；

2. 能结合任务完成情况，正确规范地撰写工作总结（心得体会）；

3. 能树立求真务实、勇于探索的职业精神。

学习要求：

对工作过程的设计和工作结果进行全面、客观的评价。

建议课时：2 课时

评价反馈

1. 各组派代表上台展示成果，并介绍任务的完成过程。

2. 其他组同学给你们提供了哪些意见或建议？请记录在下面。

_____

_____

_____

3. 本次课的心得体会：_____

_____

_____

4. 请按照表 2.6-1，小组合作完成本任务的考核评价。

表 2.6-1　任务考核评价表

评价事项	分　值	评　分
完成工业机器人产品换型信息获取工作	10	
制定工业机器人涂胶枪头换型计划并做出决策	10	
按照任务工单要求完成胶枪头更换操作	15	
按照任务工单要求完成 I/O 数据配置操作	15	
按照任务工单要求完成系统信号配置操作	15	
对机器人程序进行了 Event Routine 设定	15	
进行涂胶机器人运行测试且符合规范	20	

实训报告

按照下方的实训报告格式规范,结合自己本次的任务实践过程,请完成实训报告的撰写。

一、实训名称:

二、实训基本情况

　　1.实训时间:

　　2.实训地点:

　　3.实训目的:

　　4.实训形式:

三、实训过程及内容

四、实训总结与体会

学习任务终结性评价

评价方式采用多元化评价,评价主体由学生、小组与教师构成,评价标准、分值及权重如下表所示:

(1)学生进行自我评价,并将结果填入学生自评表中。

学生自评表

班级:＿＿＿＿＿＿＿＿＿　　　组名:＿＿＿＿＿＿＿＿＿　　　日期:＿＿＿＿＿年＿＿月＿＿日

评价项目	评价标准	分 值	得 分
信息检索	能有效利用网络资源、配套资料查找有效信息	10	
知识掌握	能准确理解学习任务中讲述的知识内容	15	
技能训练	能按照技术规范,正确使用工具及设备进行任务实施	15	
感知工作	认同工作价值,在工作中能获得成就感	10	
团队素养	教师、同学之间相互尊重、理解,能平等交流	10	
职业素养	能严格遵守相关工作守则和法律法规	10	
思维状态	能发现问题、分析问题并解决问题	10	
参与状态	能发表个人见解,倾听他人意见和看法	10	
创新意识	能在工作过程中做出创新点	10	
合　计		100	

(2)学生以小组为单位,对学习任务的实施过程与结果进行互评,将互评结果填入小组互评表中。

小组互评表

班级:＿＿＿＿＿＿＿＿＿　　　被评组名:＿＿＿＿＿＿＿＿＿　　　日期:＿＿＿＿＿年＿＿月＿＿日

评价项目	评价标准	分 值	得 分
团队素养	该组小组成员间合作紧密,能互帮互助	15	
	该组的工作计划周密,组织有序	15	
	该组态度端正,有较强的吃苦耐劳精神	10	
工作情况	该组的工作效率突出	20	
	该组的工作成果完整且质量达标	30	
	该组严格遵守相关工作守则和法律法规	10	
合　计		100	

（3）教师对学生工作过程与工作结果进行评价，并将评价结果填入教师评价表中。

教师评价表

班级：_____　　　　　组名：_____　　　　　姓名：_____

评价项目	评价标准	分　值	得　分
考勤	无无故迟到、早退、旷课现象	10	
工作过程	能正确回答引导问题并填写答案	20	
	能制定详细的工作计划	10	
	能遵守技术规范,实施过程顺畅、无意外	20	
项目成果	能按时完成任务	10	
	学习态度认真、细致、严谨	10	
	任务成果完整且质量达标	20	
合　计		100	
综合评价	自我评价(20%)	小组互评(30%)	教师评价(50%)	综合得分

学习任务 3
工业机器人工作站生产节拍调整

任务描述

【任务情景】

某集装箱生产企业现有一套工业机器人冲压上下料工作站,该工作站主要生产集装箱立柱等零件,由工业机器人将托盘中板材进行拆垛并搬运到冲床进行冲压成型。每班产能为 500 个,单件生产工时为 40 s。现因订单增加,每班产能需提高到 600 个,要求单件生产工时达 30 s,需要设备供应商在不改变原产线设备与结构的情况下对工作站生产节拍做相应的调整。技术部主管要求调试技术员在 1 周内根据工作站节拍调整方案和客户要求完成调整任务。

【任务要求】

根据任务的情景描述,通过与生产班组长沟通,以独立或小组合作的方式,查阅设备使用说明书,制定工作计划,在规定时间内,按照厂家技术规范完成工业机器人工作站生产节拍调整。

(1)查阅工作站使用说明书,观察、记录、分析现场设备的运行情况;

(2)制定节拍调整计划,完成工业机器人集装箱冲压上下料工作站生产节拍调整并测试,准确填写变更记录单;

(3)将调整与测试信息存档,对调整与测试作业进行总结分析。

【任务资料】

完成上述任务时,可以使用所有的教学资料,如工作页、工作站调整方案、工业机器人操作说明书、工作站使用说明书、个人笔记等。

学习目标

序　号	学习环节	学　时	学习目标
1	获取工业机器人生产节拍信息	8	能概述生产节拍的概念及计算公式
			能说明 RAPID 程序数据的含义、存储类型及创建方式
			能概述计时指令和写屏指令的用途，并进行两者的编辑操作
			能认知 Offs 和 Reltool 函数、赋值指令的应用场景及操作
			能概述数组作用，并进行数组创建操作
2	制定工业机器人生产节拍调整计划	4	能分析载荷数据、速度、运行轨迹、触发条件、等待时间等节拍调整因素
			能根据任务要求，梳理任务实施的方法与操作步骤，并制定生产节拍调整计划
3	做出工业机器人生产节拍调整方案决策	2	能讨论已制定的工作计划并做出决策
			能提出创新性的思路、方法、方案，不断突破自我
4	实施工业机器人生产节拍调整任务	14	能完成工业机器人运行速度的调整
			能完成工业机器人 I/O 等待时间的调整
			能调整工业机器人运行轨迹，保证工业机器人能按生产节拍要求进行拆垛及搬运作业
5	工业机器人生产节拍调整过程控制	10	能设定中断和停止程序，保证安全生产
			能完成任务清查与 8S 清查工作
6	任务评价与反馈	2	能按分组情况，派代表展示工作成果，说明本次任务的完成情况，并做分析总结
			能结合任务完成情况，正确规范地撰写工作总结(心得体会)
			能养成细致认真的工作态度和精益求精的岗位意识

学习路径

序　号	学习环节	学习步骤	学习活动
1	获取工业机器人生产节拍信息	认知生产节拍	获取生产节拍的定义与计算公式信息
2		认知 RAPID 程序数据	获取程序数据分类信息
			程序数据创建练习
3		认知生产节拍测试指令	计时指令练习
			写屏指令练习
4		认知数据赋值	Offs 和 Reltool 函数练习
			位置目标数据赋值练习
			数组创建练习

序　号	学习环节	学习步骤	学习活动
5	制定工业机器人生产节拍调整计划	制定计划	分析生产节拍调整因素
			制定生产节拍调整计划
6	做出工业机器人生产节拍调整方案决策	做出决策	小组讨论计划可行性,就最优方案做出决策
7		工业机器人运行速度调整	速度数据赋值
			批量修改速度数据
8	实施工业机器人生产节拍调整任务	I/O 等待时间调整	waitDI 调整
			TriggIO 调整
			TriggL 调整
9		运行轨迹调整	运行轨迹重新示教
			工作站运行测试
10	工业机器人生产节拍调整过程控制	过程安全控制	中断和停止指令应用
			路径保存与恢复指令
11		过程质量控制	任务清查
			8S 清查
12	任务评价与反馈	评价反馈	展示任务成果
13			记录意见建议
14			书写心得体会
15			考核计分

📇 学习准备

硬件设备	防护用品	资　料
1 台六轴工业机器人、1 个托盘、1 台冲床、若干集装箱板材	安全帽、防护镜、口罩、耳塞、手套、工作服、劳保鞋	ABB 工业机器人编程手册、工作站使用说明书

🤖 任务工单

任务名称	工业机器人工作站生产节拍调整		
任务负责人		任务接收时间	
任务下达者	生产班组长	要求完成时间	

工作任务说明:

现每班工人的日产能为 500 个工件,单件生产工时为 40 s,现因工厂订单增加,每班产能需提高到 600 个,要求单件生产工时缩短到 30 s。因此,需要设备供应商在不改变原产线设备与结构的情况下,对工作站生产节拍做相应的调整,使生产线达到最大平衡率。

情况记录:

任务等级	□一般	□重要	□紧急	□非常重要	□非常紧急
完成时间	□提前完成	□按时完成	□延期完成	□未能完成	
完成质量	□优秀	□良好	□一般	□差	

项目总结

将学生按每组 4~6 人分组,明确每组的工作任务。

班　级		组　号		指导老师	
组　长		学　号			
组　员					
任务分工					

例:_____同学,主要负责_____工作。

学习环节 1　获取工业机器人生产节拍信息

学习目标:

1.能概述生产节拍的概念及计算公式;

2.能说明 RAPID 程序数据的含义、存储类型及创建方式;

3.能概述计时指令和写屏指令的用途,并进行两者的编辑操作;

4.能认知 Offs 和 Reltool 函数、赋值指令的应用场景及操作;

5.能概述数组作用,并进行数组创建操作。

学习要求:

根据引导问题,从信息页中获取对应的信息,并在空白处填写答案。

建议课时:8 课时

步骤 1　认知生产节拍

活动　获取生产节拍的定义与计算公式信息

▶ 引导问题 1:查阅相关资料,写出生产节拍的定义。

_____

_____

▶ 引导问题 2:查阅资料,写出生产节拍的计算公式。

_____

_____

▶ 引导问题 3:生产周期是生产效率的指标,比较稳定,是由一定时期的设备加工能力、劳动力配置情况、工艺方法等因素决定的,只能通过管理和技术改进指标。请概述生产节拍与生产周期的区别。

_____

_____

_____

▶ 引导问题 4:合理调整生产节拍对于工业机器人生产线有什么作用?

_____

_____

_____

_____

步骤 2　认知 RAPID 程序数据

活动 1　获取程序数据分类信息

▶ 引导问题 5：请概述程序数据的定义。

_____

_____

_____

▶ 引导问题 6：创建程序数据的方式有两种,分别是什么?

_____

_____

_____

▶ 引导问题 7：程序数据的存储类型有变量(VAR)、可变量(PERS)和常量(CONST)三类,请解释这三类变量的特点。

_____

_____

_____

▶ 引导问题 8：查阅资料,将表 3.1-1 中所示的 ABB 工业机器人系统的常用程序数据及说明补充完整。

表 3.1-1　程序数据及说明

程序数据	说　明	程序数据	说　明
bool		Byte	整数数据 0～255
clock	计时数据	Dionum	数字输入/输出信号
extjoint		intnum	中断标识符
jointtarget		loaddata	
mecunit			数值数据
orient	姿态数据		位置数据(X、Y 和 Z)
	坐标转换		机器人轴角度数据
robtarget	机器人与外轴的位置数据		机器人与外轴的速度数据
	字符串		工具数据
	中断数据		工件数据
	TCP 转弯半径数据		

活动 2　程序数据创建练习

▷ 引导问题 9：按照表 3.1-2 中步骤提示，练习程序数据创建操作。

表 3.1-2　程序数据创建操作步骤检查清单

步　骤	具体事项	操作是否完成
1	打开示教器——程序数据	是□　否□
2	选择数据类型"bool"，单击"显示数据"	是□　否□
3	单击"新建"	是□　否□
4	修改名称及相关参数，点击"确定"完成设置	是□　否□

步骤 3　认知生产节拍测试指令

活动 1　计时指令练习

▷ 引导问题 10：计时指令是用来计算程序运行的时间，共包含四个指令：ClkReset、ClkStart、ClkStop 和 ClkRead。请解释这四个指令的含义。

_____

_____

_____

▷ 引导问题 11：按照表 3.1-3 中步骤提示，练习计时指令的编辑操作。

表 3.1-3　计时指令的编辑操作步骤检查清单

步　骤	具体事项	操作是否完成
1	打开示教器——程序数据	是□　否□
2	在程序数据中依次新建 num 和 clock 两个变量	是□　否□
3	返回 ABB 菜单，点击"程序编辑器"，点击"文件"，新建一个例行程序	是□　否□
4	点击"显示例行程序"，进入编程页面	是□　否□
5	点击"添加指令"，调出 System&time 指令界面，点击"ClkReset"，进行时钟复位，并将变量改为新建的 clock_test	是□　否□
6	点击 ClkStart 开启时钟变量	是□　否□
7	将下面这两段机器人运行的程序写入： 　　MOVL p10.v1000fine，tool1； 　　MOVL p20.v1000.finetool1；	是□　否□
8	点击 ClkStop 停止时钟	是□　否□
9	点击"：=读取时钟"变量，并将其复制到 time 变量中	是□　否□

续表

步 骤	具体事项	操作是否完成
10	添加 IF 指令,对 time 进行判断	是☐ 否☐
11	如果时间大于 3 s,让机器人停止运动	是☐ 否☐

最终编写结果如下:

程序	程序说明
VAR clock clock_test; VAR num time;	定义时钟变量 clock_test 定义整数变量 num

ClkReset clock_test;
ClkStart clock_test;
MOVL p10,v1000,fine,tool1;
MOVL p20,v1000,fine,tool1;
ClkStop clock_test;
time:=ClkRead(clock_test);
IF time>3 then
   STOP;
ENDIF
	复位时钟变量 clock_test
	开启时钟变量 clock_test
	机器人直线方式到达 p10
	机器人直线方式到达 p20
	停止时钟变量 clock_test
	读取时钟变量 clock_test
	条件判断
	机器人停止
	条件判断结束

活动 2　写屏指令练习

▶ 引导问题 12:写屏指令(TPWrite)用于在 Flex Pendant 示教器上写入文本,可将特定数据的值同文本一样写入。下面是一段写屏程序,请你解释其含义。

TPWrite"No of produced parts＝"\Num:＝reg1;

_____

_____

▶ 引导问题 13:按照表 3.1-4 中步骤提示,练习写屏指令的编辑操作。

表 3.1-4　写屏指令的编辑操作步骤检查清单

步 骤	具体事项	操作是否完成
1	进入编程页面,点击"添加指令",调出 Communicate 指令界面。点击"TPWrtie"指令,此时可在双引号内输入字符	是☐ 否☐
2	点击"编辑",选"ABC",写入要显示的字符。如"hi Abb!"	是☐ 否☐
3	点击"编辑",添加"可选变元—Num"数值后,屏幕会显示当前变量的数值,可以用来显示生产的个数、完成工作的时间等	是☐ 否☐
4	添加"可选变元—Bool",在屏幕上会显示布尔量的状态	是☐ 否☐
5	字符也可以在程序数据里预先创建,找到 string 文件夹	是☐ 否☐
6	创建一个字符程序数据,点击数据写入要显示的字符。如写入字符"the first error",字符在 ABB 工业机器人里可以是通过双引号形式出现,也可以存在于字符的程序数据里	是☐ 否☐
7	在指令内就可以直接调用创建好的字符程序数据	是☐ 否☐

▶ 引导问题 14：查阅清屏指令的资料，试编写清屏指令程序，程序运行成功后，将你编写的清屏程序写在下方。

步骤 4　认知数据赋值

活动 1　Offs 和 Reltool 函数练习

▶ 引导问题 15：Offs 函数和 RelTool 函数的功能分别是什么？

_____

_____

▶ 引导问题 16：Offs 参数选择界面中存在 4 个占位符，如下所示。请你解释这 4 个占位符依次对应什么。

$$\mathtt{Offs\ (\ p10\ ,\ 100\ ,\ 0\ ,\ \blacksquare\ )}$$

_____

_____

▶ 引导问题 17：工业机器人沿长方形运行一周，通常需要示教 p1、p2、p3、p4 四个点，编写程序如表 3.1-5 左侧所示。使用 Offs 函数的偏移功能，便可只示教 p1 点，其他的点由 Offs 函数计算所得，大幅提升编程效率。现在请你查阅 Offs 函数的编写资料并进行练习，针对表 3.1-5 程序用 Offs 函数优化，填写在右侧。

表 3.1-5　编写程序

原示教程序	Offs 函数程序
MoveL p1,v50,fine,tool0； MoveL p2,v50,fine,tool0； MoveL p3,v50,fine,tool0； MoveL p4,v50,fine,tool0； MoveL p1,v50,fine,tool0；	

▶ 引导问题 18：查阅 Reltool 函数的编写资料，将表 3.1-6 中的作业条件用 Reltool 函数进行编写，完成的编写程序填写在右侧。

表 3.1-6　编写程序

情　景	Reltool 函数程序
将机器人 TCP 移动到以 p10 为基准点，沿着 tool0 的 Z 轴正方向偏移 50 mm，旋转 10°，移动速度为 1 000 mm/s，Z 轴高度为 30 mm	

活动 2　位置目标数据赋值练习

🔵 引导问题 19：_____指令用于对程序数据进行赋值，即分配一个数值。赋值可以是一个常量，也可以是一个数学表达式。请任意列举一个针对常量和数字表达式的赋值指令。

_____

_____

_____

🔵 引导问题 20：按照表 3.1-7 中步骤提示，练习位置目标数据赋值的操作。

表 3.1-7　位置目标数据赋值操作步骤检查清单

步　骤	具体事项	操作是否完成
1	打开示教器——程序数据，点击 robtarget	是□　否□
2	点击"新建"，名称为"plizi"，变量	是□　否□
3	返回 ABB 菜单，进入"程序编辑器"界面，显示刚刚新建的例行程序（引导问题 19 中的例举程序）	是□　否□
4	添加指令，选择赋值，更改数据类型为工业机器人目标位置数据	是□　否□
5	选择"plizi"数据，通过功能指令，将某一点的 Offs/偏移量赋值 plizi	是□　否□

活动 3　数组创建练习

🔵 引导问题 21：请简述数组的概念。

_____

_____

_____

🔵 引导问题 22：请简述一维数组、二维数组和三维数组的区别。

_____

_____

_____

🔵 引导问题 23：按照表 3.1-8 步骤提示，练习（二维）数组创建操作。

表 3.1-8　数组创建操作步骤检查清单

步　骤	具体事项	操作是否完成
1	打开示教器——程序数据，选择 num	是□　否□
2	创建数组 名称：reg10　│范围：全局　│存储类型：可变量 任务：T_ROB1　│模块：MailModule 例行程序：无　│维数：2	是□　否□
3	定义数组大小	是□　否□
4	双击创建好的二维数组，进行每一组数据的设置	是□　否□
5	针对每一个组设置自定义值	是□　否□

学习环节 2　制定工业机器人生产节拍调整计划

学习目标：

1. 能分析载荷数据、速度、运行轨迹、触发条件、等待时间等节拍调整因素；
2. 能根据任务要求，梳理任务实施的方法与操作步骤，并制定生产节拍调整计划。

学习要求：

确定完成工作的途径、步骤和所需的工具材料，制定任务实施的方案。

建议课时：4 课时

制定计划

活动 1　分析生产节拍调整因素

⏩ 引导问题 1：图 3.2-1 为工业机器人上下料过程，详情请扫描右侧二维码观看。

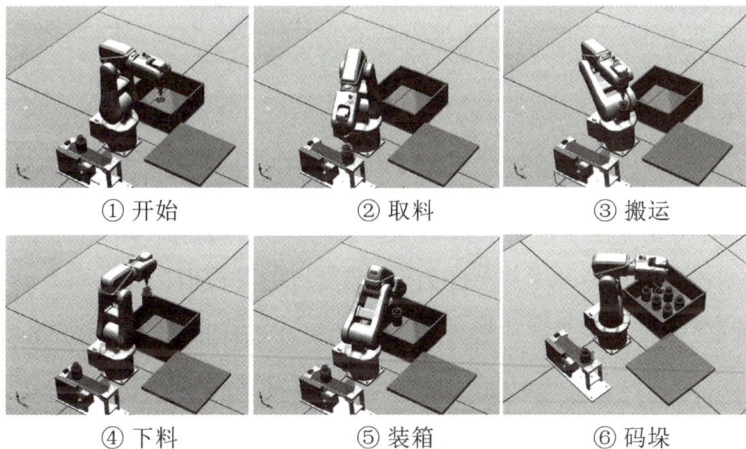

上下料

① 开始　　② 取料　　③ 搬运

④ 下料　　⑤ 装箱　　⑥ 码垛

图 3.2-1　工业机器人上下料运行仿真

（1）观察视频中工业机器人仿真工作站的上下料轨迹，用流程图表示该工作站上下料的详细过程。

（2）结合现实情况，现场观察工业机器人工作站的运行轨迹，分析要达成任务工单中的生产节拍要求，现行的运行轨迹是否有可以改善的地方，并将改善后的运行轨迹用流程图表述在下方。

61

▶ 引导问题 2：有效载荷是指工业机器人在工作时能够承受的最大载重，包括工业机器人本体负载和工具负载。LoadIdentify 程序用于自动识别安装于工业机器人上的载荷数据。查阅资料，完成工业机器人载荷数据测试，并将最终测试结果填写在下方。

机器人型号	测试对象	载荷数据结果

▶ 引导问题 3：提升工业机器人的运行速度可以缩短任务执行的时间，从而提高生产节拍。自主查阅资料，了解工业机器人速度及加速度数据设置的方法，分析要达成工单要求的生产节拍，机器人运行速度该如何设置？请制定你的计划。

机器人型号	速度设定程序	速度数值

▶ 引导问题 4：等待指令用于让工业机器人在执行任务时暂停一段时间或者等待外部触发信号后再进行下一步操作。在调整生产节拍时，设定合适的等待时间是关键。请查阅资料，了解等待时间的控制指令有哪些。分析要达成工单要求的生产节拍，I/O 等待时间该如何设置。请制定你的计划。

机器人型号	I/O 等待时间控制指令	等待时间数值

▶ 引导问题 5：运动触发程序数据类型 Triggdata 中最常用的三项指令为：TriggIO、TriggL、TriggEquip。请查阅资料，了解这三项指令的运用方法，分析要达成工单要求的生产节拍，触发条件该如何设置？请制定你的计划。

活动 2　制定生产节拍调整计划

▶ 引导问题 6：根据工业机器人冲压上下料工作站现场设备情况，并结合以上分析过程，梳理生产节拍调整思路，完成表 3.2-1 工作站生产节拍调整方案表填写。

表 3.2-1　工作站生产节拍调整方案

工作任务说明：
现每班工人的日产能为 500 个工件，单件生产工时为 40 s，现因工厂订单增加，每班产能需提高到 600 个，要求单件生产工时缩短到 30 s。因此，需要设备供应商在不改变原产线设备与结构的情况下，对工作站生产节拍做相应的调整，使生产线达到最大平衡率。
计划实施步骤：

学习环节3 做出工业机器人生产节拍调整方案决策

学习目标:

1. 能讨论已制定的工作计划并做出决策;
2. 能提出创新性的思路、方法、方案,不断突破自我。

学习要求:

经小组讨论比较,综合每位同学的意见,确定小组的最终实施方案。

建议课时:2 课时

做出决策

⮞ 引导问题:组内就实施计划进行深入探讨,确定实施重点和难点并提出解决方案。再根据表 3.3-1 所列的几个方面进行评分,选定分值最高的计划作为最终的任务实施方案。

表 3.3-1　方案评价表

评价内容	评分(1~5)	备　注
功能性		① 能实现工业机器人运行速度的调整; ② 能实现工作站 I/O 等待时间的调整; ③ 能实现工业机器人上下料运行轨迹的调整
技术评估		易于理解和操作
可维护性		易于维护和修改
可行性		技术可行性、资源可行性
综合得分		

结论:

学习环节 4　实施工业机器人生产节拍调整任务

学习目标：

1.能完成工业机器人运行速度的调整；

2.能完成工业机器人 I/O 等待时间的调整；

3.能调整工业机器人运行轨迹,保证工业机器人能按生产节拍要求进行拆垛及搬运作业。

学习要求：

根据制定的工作计划,按照下方步骤完成任务实施。

建议课时：14 课时

步骤 1　工业机器人运行速度调整

活动 1　速度数据赋值

▶ 引导问题 1：请在实施工业机器人运行速度调整前,根据表 3.4-1 进行安全检查。

表 3.4-1　安全检查清单

根据实际情况在"□"位置上打"√"	
工业机器人已回到机械原点	是□　否□
已佩戴适当的个人防护装备	是□　否□
确保工业机器人处于安全位置,附近无障碍物或其他人员	是□　否□

▶ 引导问题 2：请回忆 speeddata 指令的用法,并结合计划中拟定的机器人速度数值,对工业机器人的运行速度数据进行赋值,并将完成的程序写在下方。

活动 2　批量修改速度数据

▶ 引导问题 3：批量修改速度数据的指令为 VelSet。VelSet 指令应用请参考下方说明,结合计划中拟定的机器人速度数值,批量修改速度数据,并将完成的程序写在下方。

说明：运动控制指令 VelSet

对工业机器人的运行速度进行限制,工业机器人运动指令中均带有运行速度,在执行运动速度控制指令 VelSet 后,实际运行速度为运动指令规定的运行速度乘以工业机器人运行速率,并且不超过工业机器人最大运行速度。

系统默认值为：VelSet 100,5000;

65

表 3.4-3　VelSet 指令应用说明

指令程序	释　义
VelSet Override,Max；	Override:机器人运行速度(num) Max:最大运行速度 mm/s(num)
示例： 　　　　VelSet 50,800；　　　　　　　　　　←——500 mm/s 　　　　MoveL p1,v1000,z10,tool1；　　　　←——800 mm/s 　　　　MoveL p2,v1000\v：＝2000,z10, tool1；　←——10 s 　　　　MoveL p3,v1000\T：＝5,z10,tool1； 　　　　VelSet 80,1000； 　　　　MoveL p1,v1000,z10,tool1；　　　　←——800 mm/s 　　　　MoveL p2,v5000,z10,tool1；　　　　←——1 000 smm/s 　　　　MoveL p3,v1000\v：＝2000,z10,tool1；　←——1 000 mm/s 　　　　MoveL p4,v1000\T：＝5,z10,tool1；　←——6.25 s	

步骤 2　I/O 等待时间调整

活动 1　waitDI 调整

引导问题 4：WaitDI 指令用于等待一个数字量输入信号达到设定值,可以帮助工业机器人等待外部触发信号后再进行下一步操作。自主查阅 waitDI 指令的应用方法,结合计划中拟定的机器人工作站 I/O 等待时间,运用 WaitDI 指令进行调整,并将完成的程序写在下方。

活动 2　TriggIO 调整

引导问题 5：TriggIO 用于定义关于设置机械臂移动路径沿线固定位置处的数字、数字组或模拟信号输出信号的条件和行动。请根据计划,进行 TriggIO 触发调整,并将完成的程序写在下方。

活动 3　TriggL 调整

▶ 引导问题 6：当机械臂正在进行线性移动时，TriggL（TriggLinear）用于设置输出信号和/或在固定位置运行中断程序。请根据计划，进行 TriggL 触发调整，并将完成的程序写在下方。

步骤 3　运行轨迹调整

活动 1　运行轨迹重新示教

▶ 引导问题 7：根据规划好的运行轨迹优化计划，对工业机器人轨迹进行重新示教，可利用 Offs 偏移函数提升效率，最后将完成的轨迹程序写在下方。

活动 2　工作站运行测试

▶ 引导问题 8：完成生产节拍调整后，试运行工作站，检查生产节拍是否达到任务工单的要求。如果发现存在偏差，请分析原因并提出解决方案，填写于表 3.4-4。最终按照解决方案对工作站进行重新调整，直到生产节拍达到要求。

表 3.4-4　偏差原因及解决方案

问　题	原　因	解决方案

学习环节 5　工业机器人生产节拍调整过程控制

学习目标：

1. 能设定中断和停止程序，保证安全生产；
2. 能完成任务清查与 8S 清查工作。

学习要求：

根据以下任务检查清单，小组合作进行必要的最终任务检查和 8S 清查，并根据任务实施过程和结果的实际情况，优化改进工作计划。

建议课时：10 课时

步骤 1　过程安全控制

活动 1　中断和停止指令应用

引导问题 1：中断程序经常被用于出错处理、外部信号响应等实时响应要求高的场合。请查阅中断指令相关资料，了解常用的触发中断指令应用方法。按照表 3.5-1 步骤提示，实施中断指令编程操作。

表 3.5-1　中断指令编程操作步骤检查清单

步　骤	具体事项	操作是否完成
1	打开示教器——程序编辑器	是□　否□
2	点击"新建模块"，新建一个主程序	是□　否□
3	再添加一个中断程序	是□　否□
4	点击添加指令，找到"interrupt"菜单，第一个先添加 IDelete 指令取消（删除）中断预定，然后关联一个新的中断数据	是□　否□
5	添加 CONNECT: 指令，连接一个中断识别号，同时连接一个 I/O 信号，该信号就是触发中断的信号，当机器人接收到该信号时，就是连接中断程序	是□　否□
6	连接一个中断例行程序，该中断程序就是我们要执行的中断操作	是□　否□
7	添加 ISignalDI 指令（中断信号数字信号输入），关联一个输入信号	是□　否□
8	修改 ISignalDI 指令，点击 Single 未使用。如果参数 Single 得以设置，则中断最多出现一次。如果省略 Single 和 SingleSafe 参数，则每当满足条件时便会出现中断	是□　否□
9	打开中断程序，编辑中断程序内容	是□　否□
10	添加中断程序内容，如停止运动指令	是□　否□
11	完成具体程序后，保存调试	是□　否□

⚙ 引导问题 2：为处理突发事件,中断例行程序的功能有时会设置为让机器人程序停止运行。中断程序有 EXIT 指令、BREAK 指令和 STOP 指令。请结合本任务工业机器人的运行轨迹,选择合适的中断指令进行中断编程操作,命名为 TRAP1,最后将完成的中断程序写在下方。

活动 2　路径保存与恢复指令

⚙ 引导问题 3：当工业机器人在运动过程中进入中断,需先用 StorePath 存储执行中的运动路径,并在中断将结束的时候,用 RestoPath 恢复之前存储的运动路径。按照表 3.5-2 步骤提示,实施路径保存与恢复操作。

表 3.5-2　路径保存与恢复操作步骤检查清单

步　骤	具体事项	操作是否完成
1	打开程序编辑器,在上个环节新建好的中断程序 TRAP1 内添加"stopmove"指令,停止当前机械臂的运动	是☐　否☐
2	继续添加"StorePath"指令,存储执行中的移动路径	是☐　否☐
3	新建一个 robtarget 类型的变量 temp_pos,将工业机器人当前的位置赋值给 temp_pos	是☐　否☐
4	工业机器人运动到之前记录的点位 temp_pos,到此工业机器人存储执行过程中的运动路径完成。在中断即将结束的时候,工业机器人再次运动到之前记录的点位 temp_pos	是☐　否☐
5	工业机器人恢复 StorePath 中存储的移动路径,通过 StartMove 重启机器人移动	是☐　否☐
6	当执行程序 Routine1 的时候,di1 第一次变为 1,中断将被触发,执行中断程序 TRAP1	是☐　否☐

💡 步骤 2　过程质量控制

活动 1　任务清查

⚙ 引导问题 4：请根据表 3.5-3 进行必要的任务完成情况的最终检查。

表 3.5-3　任务检查清单

序　号	检查事项	检查结果
1	搬运工具及工件质量没有超过载荷数据值	☐符合　☐不符合
2	工业机器人运行速度正常	☐符合　☐不符合

续表

序　号	检查事项	检查结果
3	I/O 等待时间正常	□符合　□不符合
4	工业机器人运行轨迹合理	□符合　□不符合
5	工业机器人上下料工作站生产节拍运行符合要求	□符合　□不符合
6	设置中断和停止指令,保证安全	□符合　□不符合

活动 2　8S 清查

▶ 引导问题 5:请根据表 3.5-4 进行必要的 8S 检查。

表 3.5-4　8S 检查清单

项　目	检查事项	检查结果
整理 (Seiri)	工作区域内是否有无用、过期或损坏的设备和工具? 是否有未标识或标识不清的物品? 是否有无关的文件、纸张或杂物?	□是　　□否
整顿 (Seiton)	工具、设备和材料是否有固定的存放位置? 存放位置是否合理、标识明确? 工作区域是否整洁有序? 是否有足够的储物空间和工作表面?	□是　　□否
清扫 (Seiso)	工作区域的地面、墙壁、设备和工具是否保持清洁? 是否有定期的清洁计划和责任人? 是否妥善处理垃圾和废弃物?	□是　　□否
清洁 (Seiketsu)	工作区域内是否保持适宜的温度、湿度和通风? 是否有充足的照明设备? 是否定期检查和维护设备?	□是　　□否
素养 (Shitsuke)	是否遵守操作的规范和标准? 是否确保工作的一致性和质量?	□是　　□否
安全 (Safety)	是否检查安全设备的可用性? 是否正确使用个人防护设备?	□是　　□否
节约 (Savings)	是否能识别并减少浪费? 是否提高维修工作的效率,减少不必要的等待时间?	□是　　□否
学习 (Study)	是否分享经验和知识?	□是　　□否

学习环节 6　任务评价与反馈

学习目标：

　　1.能按分组情况,派代表展示工作成果,说明本次任务的完成情况,并做分析总结;

　　2.能结合任务完成情况,正确规范地撰写工作总结(心得体会);

　　3.能养成细致认真的工作态度和精益求精的岗位意识。

学习要求：

　　对工作过程的设计和工作结果进行全面、客观的评价。

建议课时：2 课时

评价反馈

　　1.各组派代表上台展示成果,并介绍任务的完成过程。

　　2.其他组同学给你们提供了哪些意见或建议? 请记录在下面。

_____

_____

_____

　　3.本次课的心得体会: _____

_____

_____

　　4.请按照表 3.6-1,小组合作完成本任务的考核评价。

表 3.6-1　任务考核评价表

评价事项	分　值	评　分
完成工业机器人生产节拍信息获取工作	10	
制定工业机器人生产节拍调整计划并做出决策	30	
工业机器人运行速度、I/O 等待时间、运行轨迹调整合理	30	
进行工作站生产节拍测试且符合任务要求	10	
正确设置工业机器人程序的中断和停止	10	
完成工作站调整后的路径保存	10	

实训报告

按照下方的实训报告格式规范,结合自己本次的任务实践过程,请完成实训报告的撰写。

一、实训名称:

二、实训基本情况

    1.实训时间:

    2.实训地点:

    3.实训目的:

    4.实训形式:

三、实训过程及内容

四、实训总结与体会

学习任务终结性评价

评价方式采用多元化评价,评价主体由学生、小组与教师构成,评价标准、分值及权重如下表所示:

(1)学生进行自我评价,并将结果填入学生自评表中。

学生自评表

班级:＿＿＿＿＿＿＿＿　　　　组名:＿＿＿＿＿＿＿＿　　　　日期:＿＿＿＿年＿＿月＿＿日

评价项目	评价标准	分 值	得 分
信息检索	能有效利用网络资源、配套资料查找有效信息	10	
知识掌握	能准确理解学习任务中讲述的知识内容	15	
技能训练	能按照技术规范,正确使用工具及设备进行任务实施	15	
感知工作	认同工作价值,在工作中能获得成就感	10	
团队素养	教师、同学之间相互尊重、理解,能平等交流	10	
职业素养	能严格遵守相关工作守则和法律法规	10	
思维状态	能发现问题、分析问题并解决问题	10	
参与状态	能发表个人见解,倾听他人意见和看法	10	
创新意识	能在工作过程中做出创新点	10	
合　　计		100	

(2)学生以小组为单位,对学习任务的实施过程与结果进行互评,将互评结果填入小组互评表中。

小组互评表

班级:＿＿＿＿＿＿＿＿　　　　被评组名:＿＿＿＿＿＿＿＿　　　　日期:＿＿＿＿年＿＿月＿＿日

评价项目	评价标准	分 值	得 分
团队素养	该组小组成员间合作紧密,能互帮互助	15	
	该组的工作计划周密,组织有序	15	
	该组态度端正,有较强的吃苦耐劳精神	10	
工作情况	该组的工作效率突出	20	
	该组的工作成果完整且质量达标	30	
	该组严格遵守相关工作守则和法律法规	10	
合　　计		100	

（3）教师对学生工作过程与工作结果进行评价，并将评价结果填入教师评价表中。

教师评价表

班级：_____   组名：_____   姓名：_____

评价项目	评价标准	分　值	得　分
考勤	无无故迟到、早退、旷课现象	10	
工作过程	能正确回答引导问题并填写答案	20	
	能制定详细的工作计划	10	
	能遵守技术规范,实施过程顺畅、无意外	20	
项目成果	能按时完成任务	10	
	学习态度认真、细致、严谨	10	
	任务成果完整且质量达标	20	
合　计		100	
综合评价	自我评价(20%)	小组互评(30%)	教师评价(50%)	综合得分

学习任务 4
工业机器人工作站周边设备调整

任务描述

【任务情景】

某汽车制造企业计划组建一套工业机器人轴承视觉装配工作站,该工作站由 1 个六轴工业机器人、1 套加工单元和 1 个成品仓库组成。现由于工作站初步组建,需要进行工业机器人与 PLC、相机、RobotStudio 的通信调整,以实现工业机器人与周边设备的协同作业。设备供应商技术部主管要求调试技术员根据周边设备调整方案和客户要求在一周内完成调整任务。

【任务要求】

根据任务的情景描述,通过与生产班组长沟通,以独立或小组合作的方式,查阅设备使用说明书,制定工作计划,在规定时间内,按照厂家技术规范完成工业机器人工作站周边设备调整。

(1)查阅工作站使用说明书,分析工作站现场情况,确定调整内容;

(2)制定工作站周边设备通信计划,完成工作站中工业机器人与其他设备的通信,准确填写变更记录单;

(3)将调整与测试信息存档,对调整与测试作业进行总结分析。

【任务资料】

完成上述任务时,可以使用所有的教学资料,如工作页、工作站调整方案、工业机器人操作说明书、工作站使用说明书、个人笔记等。

学习目标

序 号	学习环节	学 时	学习目标
1	获取工业机器人通信调整信息	8	能认知工业机器人与 RobotStudio 通信操作
			能说明 PROFINET 总线通信配置的方式
			能认知工业视觉系统的特点与组成
			能列举 Socket 常用指令并说明功能
			能概述相机通信的流程
2	制定工业机器人通信配置计划	8	能根据任务要求,梳理任务实施的方法与操作步骤
			能制定工业机器人与 RobotStudio、PLC 与相机的通信计划
3	做出工业机器人通信配置方案决策	2	能讨论已制定的工作计划并做出决策
			能尊重他人差异,充分发挥个人优势,实现团队协作最大化
4	实施工业机器人通信配置任务	14	能完成工业机器人与 RobotStudio 通信的配置
			能完成工业机器人与 PLC 通信的配置
			能完成工业机器人与相机通信的配置
5	工业机器人通信调整过程控制	6	能检查工业机器人工作站周边设备的通信状况,保证其通信正常
			能完成任务清查与 8S 清查工作
6	任务评价与反馈	2	能按分组情况,派代表展示工作成果,说明本次任务的完成情况,并做分析总结
			能结合任务完成情况,正确规范地撰写工作总结(心得体会)
			能自我评估和反思,养成实事求是的工作态度

学习路径

序 号	学习环节	学习步骤	学习活动
1	获取工业机器人通信调整信息	认知工业机器人与 RobotStudio 通信	获取 RobotStudio 与工业机器人连接信息
2		认知工业机器人与 PLC 通信	获取 PROFINET 总线通信配置信息
3		认知工业机器人与相机通信	获取工业视觉系统信息
			获取 Socket 通信指令信息
			获取相机通信流程信息
4	制定工业机器人通信配置计划	制定计划	制定工业机器人与 RobotStudio 的通信计划
			制定工业机器人与 PLC 的通信计划
			制定工业机器人与相机的通信计划

续表

序　号	学习环节	学习步骤	学习活动
5	做出工业机器人通信配置方案决策	做出决策	小组讨论计划可行性,就最优方案做出决策
6	实施工业机器人通信配置任务	工业机器人与 RobotStudio 通信配置	虚拟 I/O 信号创建
			RobotStudio 在线编程
7		工业机器人与 PLC 通信配置	工业机器人端配置
			PLC 端配置
8		工业机器人与相机通信配置	相机通信配置
			相机通信程序编写
9	工业机器人通信调整过程控制	工作站通信状态检查	工作站自动运行测试
10		过程质量控制	任务清查
			8S 清查
11	任务评价与反馈	评价反馈	展示任务成果
12			记录意见建议
13			书写心得体会
14			考核计分

学习准备

硬件设备	防护用品	资　料
1 台六轴工业机器人、1 套加盖单元、1 个成品仓库、PLC、工业相机	安全帽、防护镜、口罩、耳塞、手套、工作服、劳保鞋	ABB 工业机器人操作说明书、ABB 工业机器人编程手册、工作站使用说明书

任务工单

任务名称	工业机器人工作站周边设备调整		
任务负责人		任务接收时间	
任务下达者	生产班组长	要求完成时间	

工作任务说明:

现由于轴承视觉装配工作站初步组建,需要进行工业机器人与 PLC、相机、RobotStudio 的通信配置,以实现工业机器人与周边设备的协同作业。具体要求如下:

① 实现 RobotStudio 与工业机器人通信,并批量创建 10 个虚拟 I/O 信号进行通信测试;

② 以 PLC 端作为主站,工业机器人端作为从站,建立通信;

③ 使用 Socket 命令编写相机通信程序,实现工业机器人与相机之间的数据传输和控制。

情况记录：

任务等级	□一般	□重要	□紧急	□非常重要	□非常紧急
完成时间	□提前完成	□按时完成	□延期完成	□未能完成	
完成质量	□优秀	□良好	□一般	□差	

项目总结

将学生按每组 4～6 人分组，明确每组的工作任务。

班　　级		组　　号		指导老师	
组　　长		学　　号			
组　　员					
任务分工					

例：_____同学，主要负责_____工作。

学习环节 1　获取工业机器人通信调整信息

学习目标：

1. 能认知工业机器人与 RobotStudio 通信操作；
2. 能说明 PROFINET 总线通信配置的方式；
3. 能认知工业视觉系统的特点与组成；
4. 能列举 Socket 常用指令并说明功能；
5. 能概述相机通信的流程。

学习要求：

根据引导问题，从信息页中获取对应的信息，并在空白处填写答案。

建议课时：8 课时

步骤 1　认知工业机器人与 RobotStudio 通信

活动　获取 RobotStudio 与工业机器人连接信息

▶ 引导问题 1：RobotStudio 软件的在线作业功能有什么用途？

_____

_____

_____

▶ 引导问题 2：请查阅 RobotStudio 与工业机器人连接的资料，补全以下连接操作步骤：

(1)首先需要使用网线将计算机与工业机器人控制柜（server）端口连接，网线一端插入_____，另一端插入_____。设定计算机 IP 地址为_____。

(2)在计算机上打开 RobotStudio 软件。

(3)在软件中找到"_____"选项，点击"添加控制器"，选择列表中的"一键连接"，即可通过服务端口连接真实工业机器人控制器。

(4)如果要通过软件对工业机器人进行程序的导入、程序的编写和参数的修改等，为防止软件中的误操作对工业机器人造成损坏，需要在真实工业机器人控制器获取"_____"操作。

▶ 引导问题 3：在 RobotStudio 中可以创建虚拟 I/O 信号并进行配置，以模拟实际的输入和输出信号。请概述创建虚拟 I/O 信号的用途是什么。

_____

_____

_____

_____

步骤2 认知工业机器人与 PLC 通信

活动 获取 PROFINET 总线通信配置信息

引导问题 4：PROFINET 总线是目前工业机器人比较主流的一种通信方式。ABB 提供了不同的 PROFINET 软件选项，以支持工业机器人与 PROFINET 网络的连接。请查阅 PROFINET 软件选项相关资料，分别指出支持工业机器人作为主站和从站的软件选项，并完成表 4.1-1 填写。

表 4.1-1 软件选项说明

	支持工业机器人作为主站	支持工业机器人作为从站
软件选项		

引导问题 5：Device 和 Controller 的区别是什么？

_____

_____

引导问题 6：请概述检查某种 PROFINET 软件选项是否安装的方法。

_____

_____

引导问题 7：工业机器人控制器面板接口如图 4.1-1 所示，请从图中标注出 PROFINET 总线可以连接的网口。

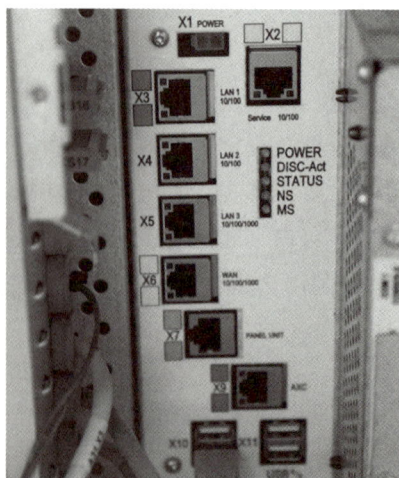

图 4.1-1 控制器面板接口

步骤 3　认知工业机器人与相机通信

活动 1　获取工业视觉系统信息

▶ 引导问题 8：工业视觉系统是用于自动检验、工件加工和装配自动化以及生产过程的控制和监视的图像识别机器。工业视觉系统通过＿＿＿＿＿＿＿＿＿＿将被摄取目标转换成图像信号，并传送给专用的图像处理系统。

▶ 引导问题 9：请从表 4.1-2 中所给的项目对比人类视觉和工业视觉的优劣性，根据对比结果填写表格，优势一方填写"优"，劣势一方填写"劣"。

表 4.1-2　人类视觉和工业视觉优劣对比

项　　目	人类视觉	工业视觉
适应性		
智能		
彩色识别能力		
灰度分辨力		
空间分辨力		
速度		
感光范围		
环境要求		
观测精度		
其他		

▶ 引导问题 10：一个典型的基于计算机的视觉系统由哪些部分组成？

_____

_____

_____

▶ 引导问题 11：常见的工业视觉系统的主要参数有哪些？

_____

_____

_____

▶ 引导问题 12：工业视觉主要有图像识别、图像检测、视觉定位、物体测量和物体分拣五大典型应用。请针对这五大应用分别举例说明。

_____

_____

_____

活动 2 获取 Socket 通信指令信息

▶▶ 引导问题 13：请查阅 Socket 通信指令相关资料，补全表 4.1-3。

表 4.1-3 Socket 通信指令

指　令	功　能
	关闭套接字
	创建 Socket 套接字
SocketConnect Socket，Address，Port	
SocketGetStatus(Socket)	
SocketSend Socket[\Str]\[\RawData]\[\Data]	
SocketReceive Socket[\Str]\[\RawData]\[\Data]	
StrPart(Str ChPos Len)	
	将字符串转化为数值
	获取字符串的长度

活动 3 获取相机通信流程信息

▶▶ 引导问题 14：请用流程图描述相机通信流程。

学习环节 2　制定工业机器人通信配置计划

学习目标：

1. 能根据任务要求,梳理任务实施的方法与操作步骤;
2. 能制定工业机器人与 RobotStudio、PLC 与相机的通信计划。

学习要求：

确定完成工作的途径、步骤和所需的工具材料,制定任务实施的计划。

建议课时：8 课时

制定计划

活动 1　制定工业机器人与 RobotStudio 的通信方案

▶ 引导问题 1:查阅相关资料,了解在工业机器人与 RobotStudio 之间建立通信的方法,并根据此方法制定详细的通信方案。

▶ 引导问题 2:根据任务工单要求,需要在 RobotStudio 软件中创建 10 个虚拟 I/O 信号进行通信测试,请制定批量创建 I/O 信号的方案。

工作任务说明:
实现 RobotStudio 与工业机器人的通信,并批量创建 10 个虚拟 I/O 信号进行通信测试。
通信配置实施方案:
批量创建 I/O 方案:

活动 2 制定工业机器人与 PLC 的通信方案

▶ 引导问题 3：根据任务工单要求，要以 PLC 端作为主站、工业机器人端作为从站建立通信。请查阅相关资料，并基于现场情况，制定相应的通信配置方案。

工作任务说明：
以 PLC 端作为主站，工业机器人端作为从站，建立通信。
通信配置实施方案：

活动 3 制定工业机器人与相机的通信计划

▶ 引导问题 4：查阅相关资料，梳理工业机器人与相机通信的配置流程，并制定详细的通信配置计划。

▶ 引导问题 5：建立工业机器人与相机的通信后，还需编写 Socket 通信程序、相机拍照控制程序、数据转换程序、获取相机图像数据程序、相机任务主程序等。查阅资料，了解以上程序的编写方法，并制定详细的相机程序编写计划。

工作任务说明：	
使用 Socket 命令编写相机通信程序，实现工业机器人与相机之间的数据传输和控制。	
通信配置实施计划：	相机程序编写计划：

学习环节 3　做出工业机器人通信配置方案决策

学习目标：

1. 能讨论已制定的工作计划并做出决策；

2. 能尊重他人差异，充分发挥个人优势，实现团队协作最大化。

学习要求：

经小组讨论比较，综合每位同学的意见，确定小组的最终实施方案。

建议课时：2 课时

做出决策

▶ 引导问题：组内就实施计划进行深入探讨，确定实施重点和难点并提出解决方案。再根据表 4.3-1 所列的几个方面进行评分，选定分值最高的计划作为最终的任务实施方案。

表 4.3-1　方案评价表

评价内容	评分(1～5)	备　注
功能性		① 能实现工业机器人与 RobotStudio 的通信； ② 能实现工业机器人与 PLC 通过 PROFINET 进行通信，且主站为 PLC、从站为工业机器人； ③ 能实现工业机器人与相机通过 Socket 通信
技术评估		易于理解和操作
可维护性		易于维护和修改
可行性		技术可行性、资源可行性
综合得分		

结论：

学习环节 4 实施工业机器人通信配置任务

学习目标：

　　1.能完成工业机器人与 RobotStudio 通信的配置；

　　2.能完成工业机器人与 PLC 通信的配置；

　　3.能完成工业机器人与相机通信的配置。

学习要求：

　　根据制定的工作计划，按照下方步骤完成任务实施。

建议课时：14 课时

步骤 1　工业机器人与 RobotStudio 通信配置

活动 1　虚拟 I/O 信号创建

　　引导问题 1：请在实施工业机器人通信配置前，根据表 4.4-1 进行安全检查。

表 4.4-1　安全检查清单

根据实际情况在"□"位置上打"√"	
检查电缆、插头和插座的状态，确保没有损坏、磨损或裸露的电线	是□　否□
检查工业机器人和周边设备的机械结构和连接件，确保没有松动、磨损或损坏的部件	是□　否□
已佩戴适当的个人防护装备	是□　否□
确认控制柜和示教盒上的急停按钮已经按下	是□　否□
确保工业机器人处于安全位置，附近无障碍物或其他人员	是□　否□

　　引导问题 2：联系所获取信息内容，实施工业机器人与 RobotStudio 的连接操作，并记录过程中的注意事项。

　　引导问题 3：按照表 4.4-2 中步骤提示，在 RobotStudio 中创建一个 I/O 虚拟信号。

表 4.4-2　创建 I/O 虚拟信号操作步骤检查清单

步　骤	具体事项	操作是否完成
1	在"RAPID"功能选项卡中单击"请求写权限"，并在示教器中单击"同意"进行确认	是□　否□
2	在"控制器"功能选项卡下选择"配置编辑器"中的"I/O"	是□　否□
3	在"DeviceNet Device"上单击右键，选择"新建 DeviceNet Device…"	是□　否□

续表

步　骤	具体事项	操作是否完成
4	根据框中的值进行设定,然后单击"确定"	是□　否□
5	单击"重启",选择"热启动",使设定生效	是□　否□
6	在"Signal"上单击右键,选择"新建 Signal…"	是□　否□
7	根据框中的值进行设定,然后单击"确定"	是□　否□
8	单击"重启",选择"热启动",使设定生效	是□　否□
9	单击"收回写权限",取消远程控制	是□　否□

活动 2　RobotStudio 在线编程

▶ 引导问题 4:按照表 4.4-3 中步骤提示,在 RobotStudio 中进行在线编程练习,修改工业机器人的等待时间指令 WaitTime。

表 4.4-3　等待时间指令修改操作步骤检查清单

步　骤	具体事项	操作是否完成
1	在"RAPID"功能选项卡中单击"请求写权限",并在示教器中单击"同意"进行确认	是□　否□
2	在"控制器"窗口双击"Module1",单击程序指令"WaitTime 2"	是□　否□
3	将等待时间从 2 s 调整为 3 s,程序指令"WaitTime 2"修改为"WaitTime 3"	是□　否□
4	修改完成后,单击"应用",单击"Yes",单击"收回写权限",控制中的指令已被修改	是□　否□

▶ 引导问题 5:按照表 4.4-4 中步骤提示,在 RobotStudio 中进行增加速度设定指令 VelSet 的在线编程练习。

表 4.4-4　增加速度设定指令操作步骤检查清单

步　骤	具体事项	操作是否完成
1	在"RAPID"功能选项卡中单击"请求写权限",并在示教器中单击"同意"进行确认	是□　否□
2	在程序的开始端空一行	是□　否□
3	单击"指令",在菜单中选择"Settings"中的"VelSet"	是□　否□
4	"VelSet"指令要设定两个参数: ① 最大倍率,限制到 100 倍; ② 最大速度,限制到 1 000 mm/s	是□　否□
5	指令修改为"VelSet 100,1000;"	是□　否□
6	修改完成后,单击"应用",单击"Yes",单击"收回写权限"。此时,控制器中的指令已被修改	是□　否□

步骤 2　工业机器人与 PLC 通信配置

活动 1　工业机器人端配置

▶ 引导问题 6：PLC 作为主站，工业机器人作为从站，要实现两者的通信，需要先配置工业机器人端的总线信息、从站设备信息和通信端口。按照表 4.4-5 中步骤提示，实施总线信息配置操作。

表 4.4-5　总线信息配置操作步骤检查清单

步　骤	具体事项	操作是否完成
1	进入"控制面板—配置—Industrial Network"	是□　否□
2	点击"PROFINET"	是□　否□
3	设置"PROFINET STATION NAME"。某些 PLC 具备远程直接分配站点名称的功能。 ① 如果已分配站名，则只需检查该站点的名称是否与 PLC 站名一致； ② 如果未分配站名，则需要手动输入站名，并且要与 PLC 那边分配的名称一致	是□　否□
4	设置完成，点击"确认"，不要重启	是□　否□

▶ 引导问题 7：按照表 4.4-6 中步骤提示，实施从站设备信息配置操作。

表 4.4-6　从站设备信息配置操作步骤检查清单

步　骤	具体事项	操作是否完成
1	进入"控制面板—配置—I/O System"，点击进入"PROFINET Internal Device"	是□　否□
2	打开后，点击进入"PN_Internal_Device"	是□　否□
3	打开后，需要在这里输入与 PLC 通信的字节数，需要与 PLC 保持一致	是□　否□
4	设置完成，点击"确认"	是□　否□

▶ 引导问题 8：按照表 4.4-7 中步骤提示，实施通信端口配置操作。

表 4.4-7　通信端口配置操作步骤检查清单

步　骤	具体事项	操作是否完成
1	进入"控制面板—配置—I/O System"，点击"主题"，选择"Communication"	是□　否□
2	进入"IP—SETTING"	是□　否□
3	添加 PROFINETNetwork，设置 IP 并选择对应网口。 ① IP：PLC 分配过来的 IP 地址，如果有则检查一下，没有则手动输入； ② Subnet：PLC 分配过来的子网掩码，如果有则检查一下，没有则手动输入； ③ Interface：选择总线网线插入工业机器人控制柜上面的那个端口	是□　否□

活动 2　PLC 端配置

▶ 引导问题 9：完成工业机器人端通信配置后，还需完成 PLC 端配置。按照表 4.4-8 中步骤提示，实施 PLC 端 PROFINET 配置操作。

表 4.4-8　**PLC 端 PROFINET 配置操作步骤检查清单**

步　骤	具体事项	操作是否完成
1	点击"FlexPendant"资源管理器,按照路径获取 GSD 文件	是□　否□
2	打开 PLC,点击"选项—管理通用站描述文件"。选择刚刚从 ABB 拷贝的 GSDML 文件目录,勾选"安装"	是□　否□
3	点击左侧设备组态,在右侧硬件目录选择"BASIC V1.4",拖到组态网络视图里	是□　否□
4	双击点开 ABB 设备详情,此时需要分配设备地址、名称,添加 I/O 模块(前面工业机器人设置的 32 位输入/输出)	是□　否□
5	点击绿色网口,展开设备 IP,名称设置(与前面 ABB 设置的名称、IP 一致)	是□　否□
6	PLC 网口与 ABB 设备网口连线,下载配置到 PLC。 注意:网口之间必须同网段	是□　否□
7	PLC 转至在线监控连接状态,ABB 在 I/O 设备里查看状态。到此,PLC 与工业机器人通信配置完成,可正常通信	是□　否□

步骤 3　工业机器人与相机通信配置

活动 1　相机通信配置

▶ 引导问题 10:视觉检测装置的安装和调试是工业机器人与相机通信的前提,其大致分为三个环节:安装视觉检测模块、调试相机参数和测试相机数据。请查阅相关资料,完成视觉检测装置的安装和调试,并在下方总结配置过程。

▶ 引导问题 11:按照表 4.4-9 步骤提示,实施相机通信任务配置操作。

表 4.4-9　**相机通信任务配置操作步骤检查清单**

步　骤	具体事项	操作是否完成
1	在 ABB 示教器中,点击进入"系统属性—控制模块—选项"。确认系统中是否有选项"623-1 Multitasking"。只有存在该选项的系统才可以创建多个任务	是□　否□
2	打开"控制面板—配置系统参数"界面,点击"主题",选择"Controller",打开"Task"	是□　否□

续表

步 骤	具体事项	操作是否完成
3	进入 Task 任务界面。 TROB1 是默认的机器人系统任务,用于执行工业机器人运动程序。单击"添加",创建工业机器人与相机通信的后台任务	是□ 否□
4	配置工业机器人与相机通信的后台任务。 Task:CameraTask;Type:Normal;其他参数默认。 单击"确定",重启工业机器人控制器	是□ 否□
5	系统重启后,按照"控制面板—配置—Controller"路径,打开"Task"面板,此时界面中就多一个 CameraTask 任务	是□ 否□
6	返回主菜单,点击程序编辑器,选中"CameraTask",在出现的界面中选择"新建"	是□ 否□
7	系统会自动新建模块"MainModule"以及程序"main",完成相机通信任务的配置	是□ 否□

▶ 引导问题 12:查阅资料,了解工业机器人与相机通信要用到的 Socket 及其相关变量的用法。然后按照表 4.4-10 步骤提示,实施创建 Socket 及其任务操作。

表 4.4-10 创建 Socket 及其任务操作步骤检查清单

步 骤	具体事项	操作是否完成
1	依次打开"主菜单—程序数据—视图—全部数据类型",点击"更改范围"	是□ 否□
2	将任务参数改为"CameraTask",单击"确定"	是□ 否□
3	选中数据类型"Socketdev",单击"显示数据"	是□ 否□
4	单击"新建",创建 Socketdev 类型变量。 ① 名称:ComSocket;② 范围:全局;③ 任务:CameraTask;④ 模块:MainModule。设置完成后,单击"确定"	是□ 否□
5	参照上述方法,选中数据类型"string",新建变量"strReceived"。 变量名称:strReceived;存储类型:变量;任务:CameraTask	是□ 否□
6	参照上述方法,选中数据类型"num",新建变量"PartType"。 变量名称:PartType;存储类型:可变量;任务:CameraTask	是□ 否□
7	参照上述方法,选中数据类型"num",新建变量"Rotation"。 变量名称:Rotation;存储类型:可变量;任务:CameraTask	是□ 否□
8	参照上述方法,选中数据类型"bool",新建变量"CamSendDataToRob"。 变量名称:CamSendDataToRob;存储类型:可变量;任务:CameraTask	是□ 否□

活动 2　相机通信程序编写

▶ 引导问题 13：在工业机器人与相机之间进行通信时，相机充当服务器，而工业机器人则充当客户端。请简述工业机器人与相机之间通过 Socket 通信进行的例行程序的响应流程。

▶ 引导问题 14：请按照表 4.4-11 所示 Socket 通信例行程序，在示教器上完成 Socket 程序的编写，并在右侧解释其含义。

表 4.4-11　Socket 通信例行程序

示例程序	程序说明
PROC RobConnectToCamera SocketClose ComSocket; SocketCreate ComSocket; SocketConnect ComSocket,"192.168.101.50",3010 SocketReceive ComSocket\Str：=strReceived; TPWrite strReceived； SocketSend ComSocket\Str：="admin\0d\0a"; SocketReceive ComSocket\Str：=strReceived; TPWrite strReceived； SocketSend ComSocket\Str：="\0d\0a"; SocketReceive ComSocket\Str：=strReceived; TPWrite strReceived； ENDPROC	

▶ 引导问题 15：查阅资料，了解编写相机拍照控制程序的操作步骤。然后按照表 4.4-12 所示程序，实施相机拍照控制程序（SendCmdToCamera）的创建操作，并在右侧解释其含义。

表 4.4-12　相机拍照控制程序

示例程序	程序说明

PROC SendmdToCamera（）
SocketSend ComSocket\Str：="se8\0d\0a";
SocketReceive ComSocket\Str：=strReceived;
IF strReceived <> "1\0d\0a" THEN
　TPErase；
TPWrite "Camera Error"
STOP；
ENDIF
ENDPROC	

引导问题 16：查阅资料，了解编写数据转化程序操作步骤。然后按照表 4.4-13 所示程序进行数据转换编程（StringToNumData），并在右侧解释其含义。

表 4.4-13　数据转化程序

示例程序	程序说明
PROC num StringToNumData（string strData） strData2：=StrPart（strData，4，StrLen（strData)-3）； ok：=StrToVal（strData2，numData）； RETURN numData； ENDPROC	

引导问题 17：按照表 4.4-14 中所示的程序，进行 GetCameraData 程序编程，该程序用于获取相机图像数据，并在右侧解释其含义。

表 4.4-14　获取相机图像数据程序

示例程序	程序说明
PROC GetCameraData（） SocketSend ComSocket\Str：=" GVFlange. Pass\0d\0a"；	
SocketReceive ComSocket\Str：=strReceived； numReceived：= StringToNumData(strReceived)； IF numReceived ＝ 0　THEN 　PartType：=1； ELSEIF numReceived ＝ 1　THEN 　PartType：=2； SocketSend ComSocket\Str：=" GVFlange. Fixture. Angle\0d\0a"； SocketReceive ComSocket\Str：=strReceived； Rotation：= StringToNumData(strReceived)； ENDIF ENDPROC	

引导问题 18：按照表 4.4-15 中所示的程序，进行相机任务（Camera Task）主程序编程，并在右侧解释其含义。

表 4.4-15　相机任务主程序

示例程序	程序说明

ROC main（）
RobConnectToCamera；
WHILE TRUE DO
WaitDI EXDI4，1；
CamSendDataToRob：= FALSE；
WaitTime 4；
SendCmdToCamera；
WaitTime 0.5；
GetCameraData；
CamSendDataToRob：= TRUE；
WaitDI EXDI4，0；
ENDWHILE
ENDPROC	

学习环节 5   工业机器人通信调整过程控制

学习目标:

    1.能检查工业机器人工作站周边设备的通信状况,保证其通信正常;

    2.能完成任务清查与 8S 清查工作。

学习要求:

    根据以下任务检查清单,小组合作进行必要的最终任务检查和 8S 清查,并根据任务实施过程和结果的实际情况,优化改进工作计划。

建议课时:6 课时

💡 步骤 1   工作站通信状态检查

活动   工作站自动运行测试

🔷 引导问题 1:试运行工作站,测试工业机器人与 RobotStudio 通信是否正常,并确认创建的 10 个 I/O 信号是否可用。如果发现存在偏差,请分析原因并提出解决方案,填写于表 4.5-1。最终对问题进行解决,直到通信正常。

表 4.5-1   工业机器人与 RobotStudio 通信偏差原因分析及解决方案

通信是否正常	是□	否□
注:若通信正常,则无须填写问题、原因及解决方案。		
问　题	原　因	解决方案

🔷 引导问题 2:试运行工作站,测试工业机器人与 PLC 通信是否正常,并确认 PLC 是否能发送指令给机器人,控制其运动、速度和位置。如果在此过程中发现任何问题,请分析原因并提出相应的解决方案,并填写于表 4.5-2。最终对问题进行解决,直到通信正常。

表 4.5-2   工业机器人与 PLC 通信偏差原因分析及解决方案

通信是否正常	是□	否□
注:若通信正常,则无须填写问题、原因及解决方案。		
问　题	原　因	解决方案

▶引导问题 3：按照相同的方法，测试工业机器人与相机通信是否正常。若发现问题，请分析原因并提出解决方案，并填写于表 4.5-3。最终对问题进行解决，直到通信正常。

表 4.5-3　工业机器人与相机通信偏差原因分析及解决方案

通信是否正常	是□	否□
注：若通信正常，则无须填写问题、原因及解决方案。		
问　题	原　因	解决方案

步骤 2　过程质量控制

活动 1　任务清查

▶引导问题 4：请根据表 4.5-4 进行必要的任务完成情况的最终检查。

表 4.5-4　任务检查清单

序　号	检查事项	检查结果
1	计算机与控制柜的网线连接符合规范	□符合　□不符合
2	PLC 向工业机器人下达指令能进行响应	□符合　□不符合
3	工业相机的安装紧密、牢固	□符合　□不符合
4	经调试，工业相机的图像质量达标	□符合　□不符合
5	编写的相机通信程序运行正常	□符合　□不符合
6	运行程序进行了备份	□符合　□不符合

活动 2　8S 清查

▶引导问题 5：请根据表 4.5-5 进行必要的 8S 检查。

表 4.5-5　8S 检查清单

项　目	检查事项	检查结果
整理 （Seiri）	工作区域内是否有无用、过期或损坏的设备和工具？ 是否有未标识或标识不清的物品？ 是否有无关的文件、纸张或杂物？	□是　　□否
整顿 （Seiton）	工具、设备和材料是否有固定的存放位置？ 存放位置是否合理、标识明确？ 工作区域是否整洁有序？ 是否有足够的储物空间和工作表面？	□是　　□否

续表

项　目	检查事项	检查结果
清扫 （Seiso）	工作区域的地面、墙壁、设备和工具是否保持清洁？ 是否有定期的清洁计划和责任人？ 是否妥善处理垃圾和废弃物？	□是　　□否
清洁 （Seiketsu）	工作区域内是否保持适宜的温度、湿度和通风？ 是否有充足的照明设备？ 是否定期检查和维护设备？	□是　　□否
素养 （Shitsuke）	是否遵守操作的规范和标准？ 是否确保工作的一致性和质量？	□是　　□否
安全 （Safety）	是否检查安全设备的可用性？ 是否正确使用个人防护设备？	□是　　□否
节约 （Savings）	是否能识别并减少浪费？ 是否提高维修工作的效率，减少不必要的等待时间？	□是　　□否
学习 （Study）	是否分享经验和知识？	□是　　□否

学习环节 6　任务评价与反馈

学习目标：

　　1.能按分组情况,派代表展示工作成果,说明本次任务的完成情况,并做分析总结；

　　2.能结合任务完成情况,正确规范地撰写工作总结(心得体会)；

　　3.能自我评估和反思,养成实事求是的工作态度。

学习要求：

　　对工作过程的设计和工作结果进行全面、客观的评价。

建议课时：2 课时

评价反馈

　　1.各组派代表上台展示成果,并介绍任务的完成过程。

　　2.其他组同学给你们提供了哪些意见或建议？请记录在下面。

_____

_____

_____

　　3.本次课的心得体会：_____

_____

　　4.请按照表 4.6-1,小组合作完成本任务的考核评价。

表 4.6-1　任务考核评价表

评价事项	分　值	评　分
完成工业机器人通信调试信息获取工作	10	
制定并决策工业机器人通信配置计划	10	
完成 PC 与机器人的网线连接及配置	10	
在 RobotStudio 中批量创建了 I/O 信号	20	
PLC 能向机器人下达指令并被执行	20	
完成相机与机器人通信配置及编程	20	
工业机器人与周边设备的通信状况良好	10	

实训报告

按照下方的实训报告格式规范,结合自己本次的任务实践过程,请完成实训报告的撰写。

一、实训名称:

二、实训基本情况

    1.实训时间:

    2.实训地点:

    3.实训目的:

    4.实训形式:

三、实训过程及内容

四、实训总结与体会

学习任务终结性评价

评价方式采用多元化评价,评价主体由学生、小组与教师构成,评价标准、分值及权重如下表所示:

(1)学生进行自我评价,并将结果填入学生自评表中。

学生自评表

班级:＿＿＿＿＿＿　　　　组名:＿＿＿＿＿＿　　　　日期:＿＿＿＿年＿＿月＿＿日

评价项目	评价标准	分值	得分
信息检索	能有效利用网络资源、配套资料查找有效信息	10	
知识掌握	能准确理解学习任务中讲述的知识内容	15	
技能训练	能按照技术规范,正确使用工具及设备进行任务实施	15	
感知工作	认同工作价值,在工作中能获得成就感	10	
团队素养	教师、同学之间相互尊重、理解,能平等交流	10	
职业素养	能严格遵守相关工作守则和法律法规	10	
思维状态	能发现问题、分析问题并解决问题	10	
参与状态	能发表个人见解,倾听他人意见和看法	10	
创新意识	能在工作过程中做出创新点	10	
合　计		100	

(2)学生以小组为单位,对学习任务的实施过程与结果进行互评,将互评结果填入小组互评表中。

小组互评表

班级:＿＿＿＿＿＿　　　　被评组名:＿＿＿＿＿＿　　　　日期:＿＿＿＿年＿＿月＿＿日

评价项目	评价标准	分值	得分
团队素养	该组小组成员间合作紧密,能互帮互助	15	
	该组的工作计划周密,组织有序	15	
	该组态度端正,有较强的吃苦耐劳精神	10	
工作情况	该组的工作效率突出	20	
	该组的工作成果完整且质量达标	30	
	该组严格遵守相关工作守则和法律法规	10	
合　计		100	

（3）教师对学生工作过程与工作结果进行评价,并将评价结果填入教师评价表中。

教师评价表

班级：_____　　　　组名：_____　　　　姓名：_____

评价项目	评价标准	分　值	得　分
考勤	无无故迟到、早退、旷课现象	10	
工作过程	能正确回答引导问题并填写答案	20	
	能制定详细的工作计划	10	
	能遵守技术规范,实施过程顺畅、无意外	20	
项目成果	能按时完成任务	10	
	学习态度认真、细致、严谨	10	
	任务成果完整且质量达标	20	
合　计		100	
综合评价	自我评价(20%)	小组互评(30%)	教师评价(50%)	综合得分